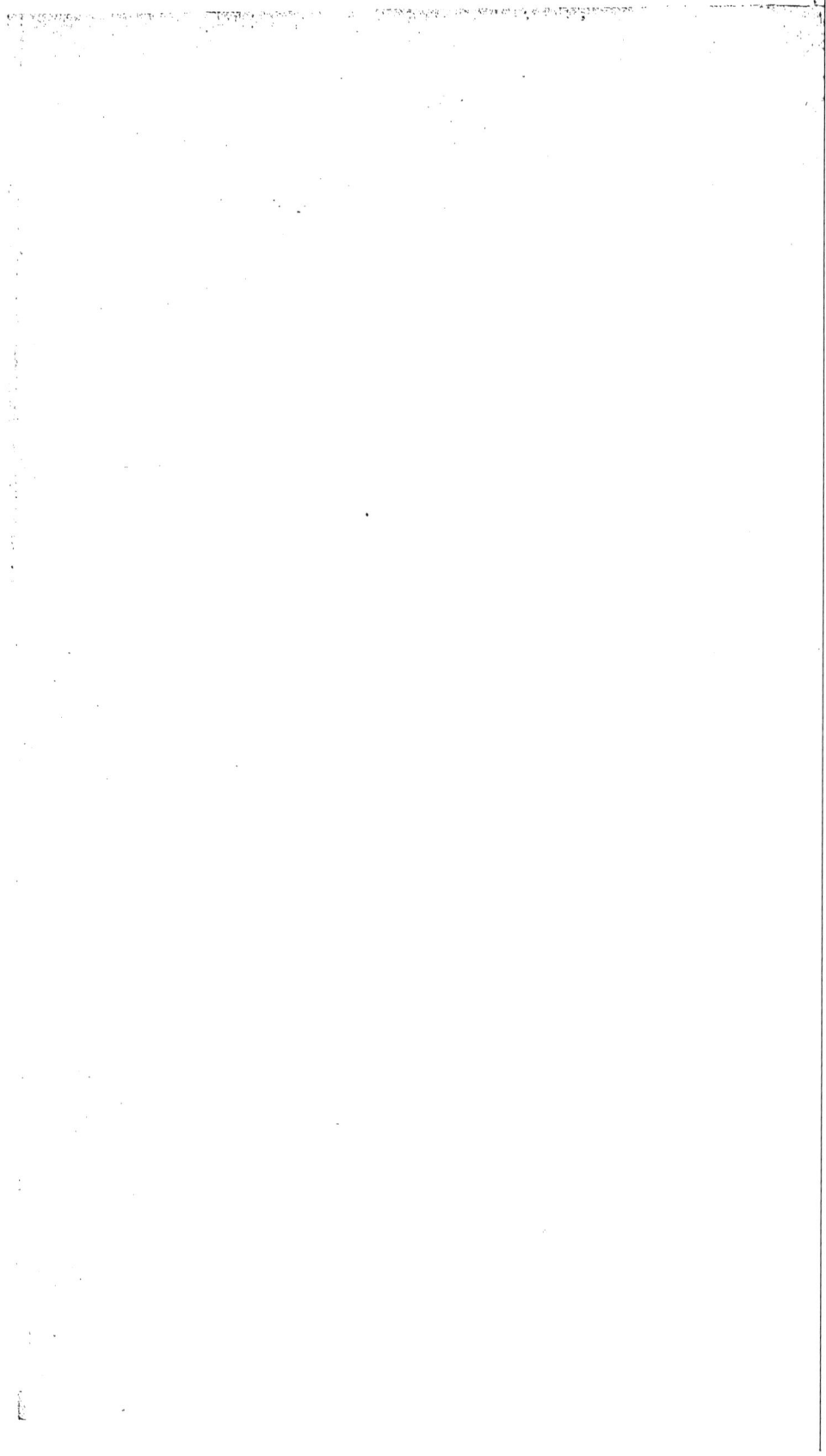

NOTE

SUR LA

CONSTRUCTION DES GAZOMÈTRES

EXTRAITE

D'UNE BROCHURE PUBLIÉE PAR LA COMPAGNIE PARISIENNE D'ÉCLAIRAGE
ET DE CHAUFFAGE PAR LE GAZ

A L'OCCASION

DE L'EXPOSITION DE VIENNE

PRÉSENTÉE PAR M. ARSON

dans la Séance du 6 Août 1875

EXTRAIT des Mémoires de la Société des Ingénieurs civils

PARIS

IMPRIMERIE VIÉVILLE ET CAPIOMONT

6, RUE DES POITEVINS, 6

NOTE.

CONSTRUCTION DES GAZOMÈTRES

NOTE

SUR LA

CONSTRUCTION DES GAZOMÈTRES

EXTRAITE

D'UNE BROCHURE PUBLIÉE PAR LA COMPAGNIE PARISIENNE D'ÉCLAIRAGE
ET DE CHAUFFAGE PAR LE GAZ

A L'OCCASION

DE L'EXPOSITION DE VIENNE

PRÉSENTÉE PAR M. ARSON

dans la Séance du 6 Août 1875

EXTRAIT des Mémoires de la Société des Ingénieurs civils

PARIS

IMPRIMERIE VIÉVILLE ET CAPIOMONT

6, RUE DES POITEVINS, 6

1875

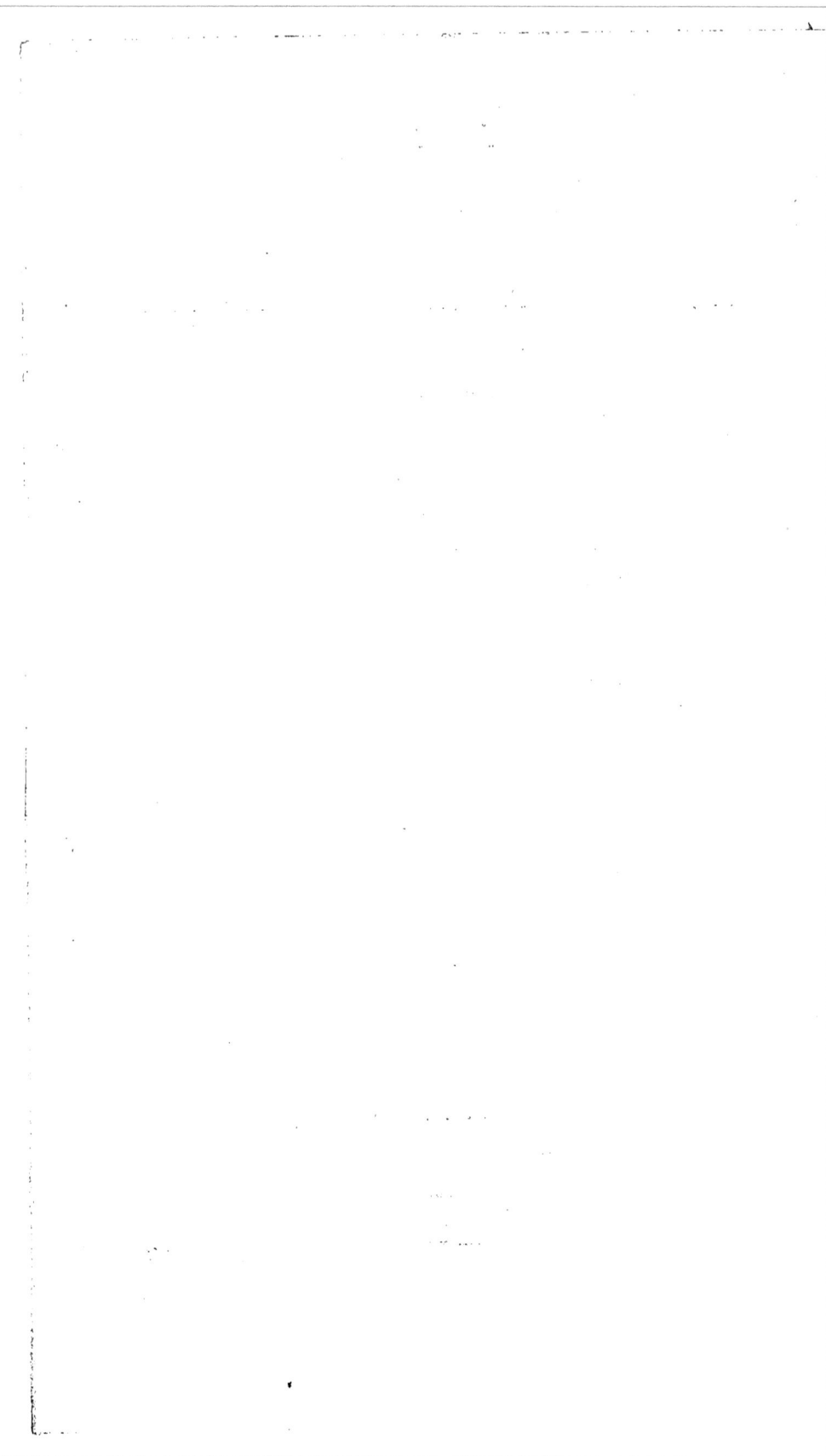

NOTE

SUR LA

CONSTRUCTION DES GAZOMÈTRES

Un gazomètre est toujours un ouvrage d'une grande importance parmi ceux que motive la construction d'une usine à gaz, non-seulement par la fraction du capital qu'il absorbe, mais encore par la difficulté même de son exécution. On comprend donc qu'il fasse l'objet de toute l'attention des constructeurs, qui doivent s'efforcer d'en diminuer la dépense de premier établissement et d'en assurer le bon fonctionnement.

La proportion d'un gazomètre ne saurait être assujettie à des règles fixes. Il est convenable d'en avoir plusieurs dont la capacité totale, qui dépendra de la nature du service à effectuer, sera capable d'emmagasiner la production qui s'opère dans les heures où la dépense n'a pas lieu. L'emplacement dont on dispose conduit presque toujours à déterminer le diamètre qu'il convient le mieux de donner à l'appareil, et la hauteur est alors la seule dimension que l'on reste libre de faire varier. Dans de bons terrains, on pousse la profondeur de la cuve jusqu'à douze mètres et demi, et alors on a peu de motifs d'avoir recours au système télescopique; dans les terrains où l'on rencontre l'eau à une petite profondeur, et où il serait difficile et coûteux de descendre la maçonnerie, on emploie le gazomètre télescopique.

Quel que soit le système adopté, le projet comporte inévitablement plusieurs parties de natures très-différentes, qui réclament chacune l'attention de l'ingénieur. La nature du sol sur lequel l'ouvrage sera assis, celle du terrain avec lequel se fera le remblai autour de la maçonnerie, la nature de celle-ci et de l'enduit, la cloche et son système de guides, les tuyaux adducteurs, sont autant de questions qui se prêtent à des solutions très-diverses et entre lesquelles il importe de choisir avec un grand discernement, pour arriver à la fois à la solution la plus satisfaisante et la plus économique.

Une expérience, longue et déjà très-étendue, a jeté des jalons précieux dans l'étude de la question; mais elle ne l'avait pas résolue dans des termes précis et sûrs comme l'a fait la Compagnie Parisienne.

On avait bien réduit progressivement l'épaisseur de la maçonnerie qui orme la cuve, mais on ne savait pas jusqu'à quelle limite on pouvait impunément pousser cette condition économique. On avait fait disparaître successivement les chaînes et les contre-poids qui assuraient à l'origine la stabilité de la cloche pendant son déplacement, mais on n'avait pas apprécié les conditions de résistance auxquelles les guides doivent alors être assujettis. On faisait emploi de gorges hydrauliques pour rattacher ensemble les deux anneaux d'une cloche télescopique, mais aucune loi écrite et sûre ne guidait le constructeur dans la détermination des hauteurs du joint hydraulique qui fait cette jonction.

La Compagnie Parisienne ne pouvait se contenter d'une telle indétermination.

Tous ses travaux doivent être exécutés sur des données trop certaines pour qu'il lui convînt de confier au hasard d'une expérience non raisonnée le succès d'ouvrages qui devaient absorber la plus grosse partie de ses capitaux. Elle a étudié et résolu toutes les questions posées dans cet important problème de la construction des gazomètres.

Toutefois, comme il est du caractère de la sagesse de se hâter lentement, elle n'a généralisé ses méthodes qu'après en avoir poussé progressivement les termes jusqu'à leur limite extrême, cette limite lui étant d'ailleurs indiquée à l'avance par des considérations théoriques qui ne trompent pas. Elle a étudié chacun des sujets qui entrent dans la composition de ces grands ouvrages, elle en a tiré des règles générales qui s'appliquent à tous les cas possibles et, après en avoir vérifié elle-même l'exactitude dans des travaux importants, elle croit pouvoir et devoir les publier.

Dans cette étude, tous les cas possibles ne sont évidemment pas prévus ni résolus, mais il sera facile à ceux qui auraient à traiter des solutions exceptionnelles d'introduire dans la méthode les modifications convenables et nécessaires. Ainsi les considérations qui sont développées plus loin sur la résistance des remblais et la possibilité de réduire, par leur concours, l'épaisseur de la maçonnerie, ne seront pas applicables aux constructions faites hors du sol. De même ne pourra-t-on pas tirer un parti immédiat des théories qui sont données sur la construction des guides, alors qu'on ne pourra se procurer la tôle nécessaire pour les construire dans le système qui est réalisable à Paris, et qui est adopté par la Compagnie Parisienne; mais au moins pourra-t-on tirer, des considérations mathématiques qui sont appliquées à l'étude de ces ouvrages, des règles capables de fournir une bonne solution dans d'autres cas.

Il convient d'examiner séparément les questions qui se rattachent aux chapitres suivants, savoir :

1° Terrassements;

2° Maçonnerie;

3° Ciments et Enduits;

4° Cloche simple ou télescopique et galets;

5° Tuyaux adducteurs;

6° Guides;

7° Échafaudage pour la construction et le support de la cloche.

1° TERRASSEMENTS.

La construction des grands gazomètres commence par les terrassements à faire pour creuser l'excavation destinée à recevoir la cuve en maçonnerie.

Examen de la nature des terrains qui doivent recevoir la cuve. — Le terrain, dans lequel s'exécute la fouille, peut être de trois natures différentes :

Ferme et pouvant être taillé à pic ;

Ébouleux et nécessitant une tranchée plus ou moins inclinée ;

Ferme dans certaines parties et ébouleux dans d'autres, comme cela arrive nécessairement dans les endroits où le terrain naturel et solide a été partiellement comblé et nivelé à l'aide de remblais rapportés à une époque antérieure.

Ce premier cas est le plus avantageux qui puisse se présenter et l'on n'a évidemment à l'indiquer ici que pour mémoire.

Les deux autres, au point de vue de l'exécution, peuvent être considérés comme identiques : il convient toujours, en effet, d'enlever les terres meubles et de les remplacer par un ouvrage suffisamment résistant. On peut, — soit établir des éperons en maçonnerie pour étayer et arcbouter la cuve, ou, simplement, exagérer l'épaisseur de celle-ci jusqu'à concurrence de la résistance à obtenir, — soit interposer, entre l'extrados de la cuve et le sol naturel, des remblais assez résistants pour arriver au même résultat. Cette dernière solution est évidemment la plus économique, et elle a été employée plusieurs fois avec succès, notamment dans l'exécution d'un gazomètre de 25,000 mètres cubes, construit à l'usine des Ternes (*). C'est ce dernier, l'un des plus considérables qui ait été établi, à Paris, sur la construction duquel il paraît intéressant de donner quelques renseignements.

(*) Le gazomètre le plus important de la Compagnie est celui qui a été construit à La Villette en 1870-71. — Sa capacité est de 31,000 mètres cubes.

Terrains meubles enlevés, devant être remplacés par un remblai convenablement résistant. — La cuve du gazomètre devait avoir 1^m,30 d'épaisseur, et elle avait à supporter à sa base une charge d'eau de 12^m,75, tendant à la renverser du dedans vers le dehors.

Le sol factice, qui a dû être enlevé en sus de la fouille théorique, constituait un cube de 6,800 mètres, présentant un maximum de largeur de 12 mètres.

Il a été remplacé par du sable pilonné et arrosé par couches minces, au fur et à mesure de la construction de la cuve.

On sait, en effet, que le sable pilonné et arrosé constitue une excellente fondation pour les édifices. Dans ce cas, c'est à des pressions verticales qu'il est appelé à résister. On a étendu la résistance aux pressions horizontales, à la suite d'expériences directes qui vont être décrites.

Expériences sur la résistance des remblais à la compression.

Recherches préliminaires pour étudier la résistance à la compression de divers remblais pilonnés. — En conséquence, il a été procédé, avant l'exécution du travail, à une série d'expériences destinées à faire connaître les charges que peut supporter, sans se comprimer, une unité de surface de remblai pilonné et arrosé, et à préciser ainsi, par les résultats d'essais directs, la valeur de plusieurs sortes de remblais, au point de vue de leur résistance à la compression.

On a successivement essayé le sable, le tuf blanc du terrain de Paris et la terre végétale mélangée de gravois, qui constitue un remblai assez répandu à Paris.

Description des appareils et procédés employés. — Les deux appareils dont on s'est servi sont les suivants :

1° *Pour les faibles pressions.* — Une tranchée a été pratiquée dans le sol ayant 1 mètre de large sur 1 mètre de haut, et environ 7 mètres de long.

A 4 mètres de l'une de ses extrémités A a été fixé bien solidement, en travers de la tranchée, un plateau en fonte PP′, carré, ayant 1 mètre sur

1 mètre, et l'on a pilonné plusieurs sortes de remblais dans cette tranchée. La plaque en fonte était renforcée extérieurement par des nervures.

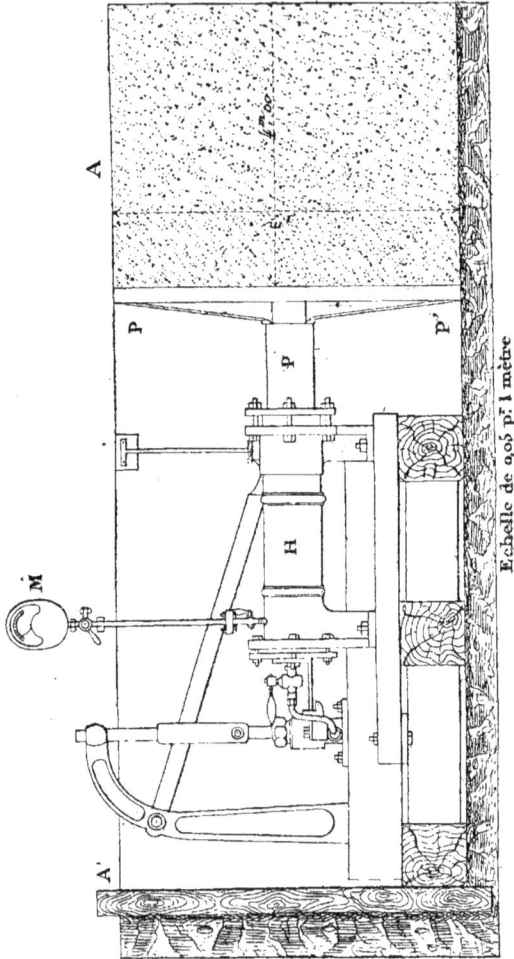

Dans la partie restée vide de la tranchée a été installée une presse hydraulique H, invariablement liée à un bâti en bois qui a été fortement arcbouté, à l'aide de gros madriers, contre la paroi verticale postérieure A' de la tranchée.

Le piston P de la presse hydraulique pouvait agir au centre du plateau en fonte et comprimer, par l'intermédiaire du plateau, le remblai pilonné. Le diamètre de ce piston était de 0m,135. Un repère fixe permettait de s'assurer de l'invariabilité de position de la presse hydraulique. Un autre repère fixe donnait le moyen de mesurer les mouvements du piston et, par suite, l'enfoncement du plateau en fonte dans le remblai.

Les expériences ont été poussées jusqu'à la pression de 12 atmosphères, accusée au manomètre M de la presse hydraulique, ce qui correspondait, sur la plaque en fonte et, par suite, sur la paroi verticale du remblai, à une charge uniformément répartie de 17 kilogrammes par décimètre carré.

On indiquera tout à l'heure les résultats qui ont été obtenus.

2° *Pour des pressions supérieures à celle ci-dessus mentionnée.* — On a construit le petit appareil représenté ci-après :

Il consiste en un vase cylindrique V en tôle, de 0m,50 de diamètre intérieur et de 0m,65 de hauteur, percé d'un ajutage circulaire de 1 décimètre carré de section, dont le centre est placé à 0m,15 au-dessus du fond. Au bas de ce cylindre en tôle est rivée une cornière circulaire qui est boulonnée à une plaque en fonte solidement fixée elle-même à un bâti en chêne.

Le trou du vase est traversé par un piston P terminé par une tige *ab* qui est guidée à son extrémité comme le représente le dessin.

Un levier en fer AOB repose sur un support également en fer SOS′ qui est boulonné au bâti. Ce levier est composé de deux branches : l'une OA, qui a 1m,50 de long et qui supporte un plateau mobile Q destiné à recevoir des poids ; — l'autre OB, ayant 0m,30 de long, qui agit à son extrémité, par une fourchette et une clavette, sur la tige du piston ci-dessus mentionné. Une équerre en fer BB′ reliant les deux branches, ainsi que le représente le dessin, empêche la flexion du grand bras de levier sous l'action des charges croissantes.

Pour éviter de tenir compte, dans les expériences, du poids du levier lui-même, il a été équilibré à l'aide d'un contre-levier circulaire OA′ et d'un poids π. — L'appareil est rendu de la sorte très-sensible.

Un étau EF, boulonné à la plaque de fonte qui supporte le cylindre, permet d'arrêter le piston pendant l'opération du pilonnage du remblai dans le vase. Un écran H incliné, en tôle, protége le piston contre les éclaboussures du remblai.

Quand le pilonnage est terminé, on fixe la position du grand bras du lévier, à l'aide d'une vis verticale v, représentée sur le dessin, et on repère son extrémité à l'aide d'un curseur gradué q qui se meut sur une tige verticale. On repère également, comme vérification, la position du piston à l'aide d'une réglette horizontale h graduée qui est fixée au bâti; — en regard de celle-ci se trouve une graduation h' marquée sur la tige du piston. De cette façon, on peut apprécier directement les mouvements du piston.

Cela fait, on desserre l'étau et l'on met des poids dans le plateau. On fait descendre la vis verticale qui supporte le grand bras du levier et l'on regarde s'il y a eu enfoncement du piston. Si aucun mouvement n'est observé, on remonte la vis pour supporter le grand bras du levier et l'on ajoute des poids dans le plateau. Puis on fait redescendre la vis, et l'on répète cette manœuvre jusqu'à ce que le piston s'enfonce.

On voit qu'avec cet appareil on peut arriver à exercer des pressions bien plus considérables que dans l'expérience avec la presse hydraulique.

Pour les faibles pressions, les deux appareils ont donné des résultats parfaitement concordants. Pour celles qui ont dépassé 17 kilogrammes par décimètre carré, on n'a pas eu ce double contrôle, et l'on a enregistré les résultats fournis par le petit appareil seulement.

Résultats obtenus. — On a déterminé ainsi les résistances à la compression des divers remblais expérimentés.

Ils ont été pilonnés par couches de cinq centimètres. Il a été constaté en effet par des expériences préliminaires que la densité du sable de rivière reste la même, quelle que soit l'épaisseur des couches, à la condition que cette épaisseur ne dépasse pas douze centimètres; mais les autres remblais demandent à être pilonnés par couches plus minces, c'est-à-dire ne dépassant pas cinq centimètres.

Le sable de plaine lui-même, qui contient quelques parties argileuses, est moins bien pilonné par couches de $0^m,12$ que par couches minces de $0^m,04$ à $0^m,05$. Les parties argileuses qui y sont contenues sont mieux refoulées dans les vides du sable par le pilonnage en couches minces que par celui en couches épaisses, et par suite, la densité du remblai est plus forte dans le premier cas (1940 kilogrammes le mètre cube) que dans le second (1900 kilogrammes le mètre cube).

Le sable de rivière pilonné pèse, dans les deux cas, 1800 kilogrammes le mètre cube.

Le sable de rivière est le remblai qui se comprime relativement le moins au pilonnage; d'où il résulte que ce remblai doit être le meilleur.

En comparant, par exemple, la terre végétale au sable de rivière, on trouve au pilonnage les différences suivantes :

Le mètre cube de sable de rivière pèse. . . .   1500   kilogrammes.

    —   du même pilonné   —   . . .   1800

              Différence . .   ————   300

Le mètre cube de terre evégétale pèse   1200   kilogrammes.

    —   pilonné   —   . . .   1800

              Différence . . .   ————   600

La densité du remblai de terre végétale est donc augmentée de la proportion énorme de 33 pour 100 par l'effet du pilonnage, tandis que celle du remblai de sable de rivière ne l'est que de 20 pour 100.

Pour se rendre compte de la quantité de vides que contient encore le sable de rivière, une fois pilonné, on a pilonné avec grand soin du sable dans un hectolitre en tôle, et l'on y a ensuite versé de l'eau jusqu'à refus. Le sable a pu absorber 20 litres d'eau; d'où il suit que le sable de rivière pilonné renferme 20 pour 100 de vides.

On a cherché à remplir, au moins partiellement, ces vides avec du sable argileux très-fin, et l'on a réussi à en introduire 17,7 pour 100 sans faire changer son volume primitif. A cet effet l'hectolitre de sable pilonné a été vidé et on y a mélangé du sable argileux; puis on a rempli à nouveau l'hectolitre avec le mélange, en le pilonnant par petites couches. On a trouvé, après deux ou trois tâtonnements, qu'en mélangeant aux 100 litres de sable de rivière pur, 17,7 litres de sable argileux fin, on réussissait à faire rentrer tout le mélange pilonné dans l'hectolitre. C'est un remblai qui présente le maximum de compacité, car il ne contient plus que 20 — 17,7 soit 2, 3 pour cent de vides!

Il ne faut pas croire, toutefois, que ce remblai soit préférable au sable de rivière pur pilonné. En effet, les eaux pluviales détremperont à la longue la terre argileuse qu'on aura fait ainsi entrer dans les vides du remblai, et, finalement, le mélange n'étant plus homogène, présentera des parties qui ne seront peut-être plus également résistantes.

L'opération de l'arrosage est indispensable, parce qu'elle facilite le groupement des molécules du sable et réduit le volume au minimum. Un semblable remblai de sable de rivière pilonné, ayant pris sa position d'équilibre définitive, n'est plus sujet aux variations de groupement moléculaire, et, par suite, aux variations de résistance. De plus, la des-

siccation de ce remblai n'entraîne, en aucune façon, le retrait et le fen-
dillement qui se manifestent toujours dans les remblais argileux.

L'arrosage à grande eau produit en outre un effet analogue à celui du
pilonnage. On l'a constaté en pilonnant d'abord du sable dans un demi-
hectolitre (mesure cylindrique en tôle qui a 0^m,40 de diamètre et 0^m,40
de hauteur) qui a été ensuite vidé. Puis on a versé ce même sable avec
un excès d'eau, par petites couches, en l'agitant chaque fois avec une
baguette et sans se servir du pilon. Non-seulement on a réussi à faire
entrer dans la mesure tout le volume primitivement pilonné, mais encore
il s'en est fallu de 0^m,005 de hauteur que la mesure fût pleine.

Cela faisait une diminution de volume de 1,2 pour 100. Ce sable ne
contenait donc plus que 18,8 pour 100 de vides, au lieu de 20 pour 100.

Si l'on pilonne le sable en imbibant ainsi d'eau les diverses couches,
on arrive à une diminution de volume de 3 pour 100, c'est-à-dire qu'il
ne contient plus que 17 pour 100 de vides.

Il résulte de ces diverses expériences que l'arrosage du sable à grande
eau doit être combiné avec l'opération du pilonnage; mais il faut que le
sable soit bien pur et surtout qu'il ne renferme pas d'argile.

Ayant ainsi indiqué les effets du pilonnage et de l'arrosage des remblais sur le degré de tassement qu'on peut leur faire atteindre, il convient
de donner les chiffres des résistances obtenues avec les appareils décrits,
pour la terre végétale, le tuf blanc et le sable pilonnés.

1° *Terre végétale humide pilonnée :* La résistance de ce remblai à la compression a été trouvée de 44 kilogrammes par décimètre carré. A
47 kilogrammes, il y a eu enfoncement du piston de 1/2 millimètre; et
à 90 kilogrammes, enfoncement de 1 millimètre.

2° *Le tuf blanc*, simplement humide aussi, mais non arrosé, a résisté
jusqu'à 80 kilogrammes; en augmentant progressivement la charge jusqu'à 93 kilogrammes par décimètre carré, on a trouvé une compression
de 1/4 de millimètre. Cet état d'équilibre s'est maintenu jusqu'à ce que
la pression atteignît 184 kilogrammes par décimètre carré. A ce moment,
comme la paroi du remblai continuait à résister, on a pesé fortement sur
l'extrémité du levier et on a réussi à produire une compression de 2 millimètres.

3° *Le sable de rivière arrosé et pilonné* a résisté jusqu'à 100 kilogrammes par décimètre carré; au delà on a constaté un enfoncement du piston d'une très-petite fraction de millimètre.

Classement, par ordre de résistance, des divers remblais pilonnés et arrosés. — Il résulte de ces diverses expériences que si nous appelons 1,00 la résistance à la compression du sable de rivière arrosé et pilonné :

> 0,80 représentera celle du tuf blanc pilonné,
> et 0,44 représentera celle de la terre végétale humide.

Tels sont les résultats obtenus et qui ne sont pas sans intérêt pour les praticiens.

Le sable pilonné transmet très-mal la pression, et, par suite, il contitue un excellent remblai, de même que d'excellentes fondations de bâtiments; ses molécules s'arcboutent les unes contre les autres (*).

(*) On peut rappeler, à ce sujet, ce fait bien connu des mineurs, que le sable constitue un excellent bourrage pour les coups de mine. — On rappellera également que des pilots en sable ont très-avantageusement remplacé les pilots en bois pour des fondations de bâtiments, parce que les premiers, outre des pressions verticales sur le fond des trous, ont encore exercé des pressions obliques sur les parois. C'est M. Bélanger, ingénieur en chef des ponts et chaussées, qui a rapporté ce fait dont il a lui-même fait l'expérience.

M. le maréchal Niel, dans des expériences sur les remblais en sable, qu'il a entreprises en 1838, alors qu'il était capitaine du génie, a démontré directement qu'une pression donnée qu'on exerce sur du sable ne se propage qu'à une certaine distance du point où elle est exercée. D'où l'on peut déduire l'empâtement à donner à un massif de sable chargé d'un certain poids (fondations d'un bâtiment, par exemple), pour que les couches latérales fas-

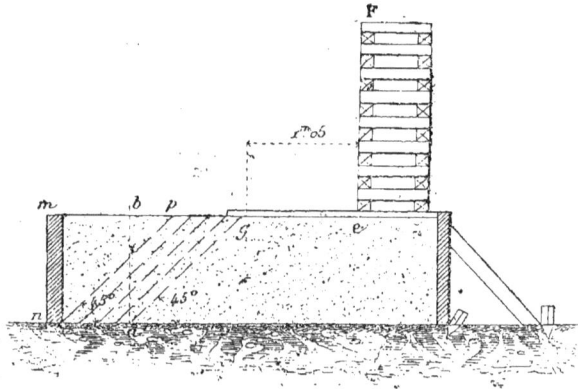

sent équilibre à l'accroissement de poussée dû à ce poids. Voici comment il décrit son expérience : (Voir les *Annales des Ponts et Chaussées*, tome XIV, Ire série, page 205.)

« Nous avons pris une caisse sans fond de 3^m,50 de long sur 2 mètres de large et de

A la suite des expériences qui précèdent, les ingénieurs de la Compagnie Parisienne, chargés de la construction du gazomètre de l'usine des Ternes, n'ont plus hésité à remplacer par des remblais de sable pilonné et arrosé les terrains rapportés qui avaient dû être enlevés entre l'extrados de la cuve du gazomètre et la paroi du terrain naturel constituant l'excavation. Toutefois, la partie supérieure (1m,50 environ) a été comblée, par raison d'économie, en remblai de terre ordinaire pilonnée. Les derniers mètres du mur de la cuve n'ont en effet à supporter qu'une très-faible pression.

La question de la solidité de la cuve du gazomètre s'est trouvée ainsi parfaitement résolue.

1 mètre de hauteur. Après l'avoir posée sur un sol bien nivelé, on l'a remplie de sable et on a élevé sur une de ses extrémités un massif formé de gueuses en fonte F, du poids de 15,000 kilogrammes qui reposait sur un plateau de madriers de 1m,90 de long et 0m,80 de large, de sorte que la pression était de 9,868 kilogrammes par mètre carré.

« Pendant le chargement, le plateau ne s'est pas enfoncé de plus de 3 millimètres. On a laissé le massif reposer sur le sable jusqu'au lendemain et l'on a remarqué que l'enfoncement du plateau n'avait pas augmenté, et que, sur les côtés, les grains de sable n'avaient pas éprouvé le moindre dérangement. Ayant ensuite abattu la paroi mn, qui se trouvait du côté opposé à la charge et qui avait 2 mètres de large sur 1 mètre de haut, le sable s'est éboulé suivant son talus naturel np, d'à peu près 45°, sans que la charge ait bougé et ce talus se reproduisait en reculant parallèlement à lui-même, quand on enlevait peu à peu du sable à sa partie inférieure. Lorsqu'on fut ainsi parvenu au point a, tel que le sommet g du talus ne se trouvait plus éloigné du pied du massif de fonte e que de 1m,05, ce massif s'est penché sur le côté et a croulé. C'était donc vers ce point que la poussée due à la charge commençait à se faire sentir. Ainsi, en élevant au point a une paroi verticale ab, elle n'aurait eu à résister qu'à l'action de la poussée provenant du prisme du sable bag. »

On voit par là qu'une partie du sable seulement a été comprimée, mais que l'autre a conservé son état d'équilibre ordinaire.

Cette expérience présente un très-grand intérêt. Elle prouve, une fois de plus, la supériorité du remblai de sable par suite de sa mauvaise transmissibilité des pressions.

2° MAÇONNERIE.

Cuves des gazomètres.

, La maçonnerie qui compose la cuve d'un gazomètre absorbe une grosse partie de la dépense totale que nécessite l'établissement de cet ouvrage, et commande, par conséquent, l'emploi scrupuleux de tous les éléments possibles de succès.

Dans le chapitre précédent, on a vu à quelles conditions est assurée la stabilité complète d'une cuve de gazomètre. Lorsque la profondeur de cette cuve dépasse 10 mètres, il est indispensable de faire coopérer la maçonnerie à la résistance.

La maçonnerie de la cuve possède deux éléments qui interviennent d'eux-mêmes : son poids, qui s'oppose au renversement de chaque prisme vertical élémentaire, suivant lesquels on peut décomposer l'ensemble par la pensée; sa cohésion, qui oppose une résistance horizontale qu'il importe de ne pas méconnaître. Ces éléments varient d'ailleurs dans leur valeur avec la nature des matériaux employés.

Le moellon calcaire, la meulière et la brique peuvent servir à la construction des cuves des gazomètres. Les mortiers sont confectionnés avec des chaux hydrauliques à prise plus ou moins rapide ou avec du ciment de Portland.

Choix des matériaux. — *Meulières.* — La meulière présente des qualités très-appréciables : elle est dense, rugueuse, imperméable et se prête à la confection d'ouvrages présentant une grande cohésion. Malheureusement ces qualités sont trop souvent contrebalancées par des défauts d'une gravité telle qu'il faut renoncer à son emploi. Elle peut être légère et friable à ce point que le moellon lui soit préférable; elle est presque toujours sale, et le mortier, dans ce cas, ne peut y adhérer ; enfin elle est toujours difforme et donne lieu dans l'emploi à des défauts qui lui font perdre tout le mérite de ses qualités. Ainsi les ouvriers les plus exercés la font pénétrer dans le mortier dont ils ont garni son lit, en frappant dessus à coup de marteau et ne s'arrêtant de frapper, qu'alors qu'ils ont entendu résonner un bruit qui révèle que la pierre qu'ils posent a rencontré les autres pierres du rang inférieur, et c'est trop tard. Après ce coup, le mortier est détaché de la pierre en œuvre et laisse un libre passage aux infiltrations. Ce défaut inhérent à la matière et à l'irrégularité de ses formes a déterminé la Compagnie Parisienne à renoncer à l'emploi de la meulière.

Briques. — La brique bien cuite et solide constitue un excellent élément pour la construction d'une cuve de gazomètre. Son prix d'acquisition et son abondance sur la place décident seuls de son emploi. Elle manque à Paris et oblige par conséquent la Compagnie Parisienne à recourir au moellon.

Moellon. — Quant au moellon, il importe par dessus tout qu'il soit pourvu de deux faces parallèles sensiblement planes, rendant sa pose facile et sûre. Sa dureté est une qualité secondaire, mais intéressante cependant, puisqu'elle doit être supérieure à celle du mortier dont on fera emploi. Enfin il ne doit pas être gélif, parce que ce caractère correspond à une nature mauvaise, et qu'il peut se désagréger sous d'autres actions que celle du froid.

Pose des matériaux. — Quels que soient les matériaux préférés, ils doivent être mis en place de manière à satisfaire à une condition qui peut seule assurer le concours de la résistance du sol. Si le terrain est taillé suivant la forme extérieure que doit avoir l'ouvrage en maçonnerie, celle-ci doit y être appuyée fortement. Chaque pierre doit être frappée horizontalement, de manière à s'imprimer dans la terre en faisant refluer le mortier qui a été jeté entre elle et le terrain, de telle sorte que la pression exercée par l'eau de la cuve puisse être transmise par la maçonnerie à la terre sans déplacement, sans fissure de l'ouvrage. Cette condition est indispensable pour assurer à la résistance le concours du sol. Si des éboulements partiels se produisent dans le terrain, les cavités doivent être soigneusement remplies, soit par la maçonnerie, soit par un bourrage en sable, afin que la pression de l'eau soit reportée sur la surface du sol malgré cette déformation.

Mortier. — Le mortier employé pour établir la liaison entre ces divers matériaux, quels qu'ils soient, joue un rôle important dans le succès de l'ouvrage. Les chaux faiblement hydrauliques ou même celles qui acquièrent une grande dureté sous l'eau, mais dont la prise est lente, sont d'un usage incommode. Celles qui se solidifient trop vite, comme le ciment romain, sont d'un emploi difficile et presque toujours défectueux. Le Portland, qui prend seulement douze heures après son emploi, est certainement la matière la plus propice à la confection d'un bon ouvrage.

Épaisseur des cuves. — L'épaisseur et la forme de la cuve dépendent à la fois des exigences des ouvrages qu'elle doit supporter et de la résistance qu'elle doit ajouter à celle du terrain. Si celui-ci est solide, et s'il peut être taillé verticalement, la cuve présente une épaisseur uniforme. Si le terrain est ébouleux, et s'il doit être enlevé puis rapporté, comme il arrive pour le sable, la cuve peut être élevée avec une épaisseur réduite, excepté sous les assises des colonnes qui forment alors des piles espacées. Ce dernier mode de construction a été adopté à Vaugirard avec un plein succès.

Équilibre des forces et des résistances dans une cuve de gazomètre. — L'étude de l'équilibre entre la poussée de l'eau contenue dans une cuve de gazomètre et la somme des résistances que lui opposent l'ouvrage en maçonnerie qui la compose et le terrain qui l'environne, constitue un problème facile à résoudre avec les données que la Compagnie Parisienne a recherchées ou établies.

L'observation a d'abord fait connaître que la rupture de ces cuves se produisait toujours suivant une génératrice verticale que l'ouverture avait son maximum de largeur au bord supérieur et allait en se perdant vers le bas. On est donc autorisé à considérer que l'ouvrage est exposé à un renversement ayant son plus grand mouvement au sommet, tandis qu'on eût pu être disposé à admettre que ces cuves se rompraient à la base, là où la pression qui s'exerce sur elles atteint son maximum.

On a constaté aussi que le mouvement de renversement qui se produit est extrêmement limité, qu'il n'apparaît souvent que par une fente à peine visible, et on est conduit à en conclure que ce très-petit déplacement suffit pour faire intervenir la résistance du sol dans une proportion qui limite la déformation, conséquence de l'accident. On est donc autorisé à penser qu'une pression préalable du sol sur la maçonnerie aurait empêché la rupture, et on reconnaît l'intérêt qui s'attache à faire appliquer fortement les matériaux contre les terres.

Partant des observations qui précèdent, l'étude analytique de la question doit admettre que le mouvement qui tend à se produire aurait pour effet de rompre la cuve en deux parties égales, chacune d'elles tendant à se mouvoir dans un sens opposé, et les ruptures devant se produire dans un plan passant par l'axe vertical de la cuve. Il est nécessaire d'admettre

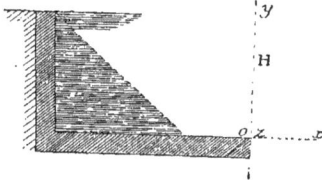

aussi que la résistance de la maçonnerie et celle du remblai seront uniformes. Il est convenable enfin, dans le raisonnement mathématique à suivre, de ne pas introduire l'hypothèse d'une déformation, si petite qu'elle soit, dans aucune partie de l'ouvrage, et de poser la question d'équilibre sans faire usage de cette méthode, qui ne saurait s'appliquer à un corps dépourvu d'élasticité. C'est ce premier mouvement, si petit qu'on le suppose, qu'il faut éviter, et il n'est pas logique de l'admettre, même pour asseoir le raisonnement.

Les forces à considérer sont : d'une part, la pression de l'eau ; d'autre part, le poids de la maçonnerie, sa cohésion et la pression des terres.

Pression de l'eau. — La pression de l'eau a une expression élémentaire connue qu'il n'y a qu'à totaliser. Chaque bande verticale du cylindre intérieur de la cuve, ayant une largeur dz, est pressée comme elle le serait par un prisme droit élevé sur le triangle rectangle A B C et ayant la hauteur dz ; et si l'on considère que le centre de gravité de ce triangle est situé au tiers de la hauteur H, on est conduit à écrire que la pression exercée par l'eau sur l'élément vertical de largeur dz est :

$$1000 \, \frac{H^2}{2} \, dz.$$

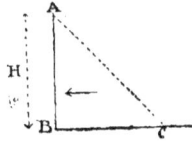

Son moment, par rapport à l'arête extérieure de sa base, est aussi :

$$1000 \, \frac{H^2}{2} \, dz \, \frac{H}{3},$$

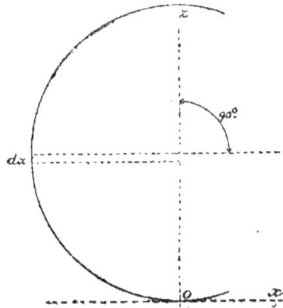

et la somme de ces moments, autour de ce même axe, sera par conséquent :

$$1000 \, \frac{H^2}{2} \, D \, \frac{H}{3} = 1000 \, D \, \frac{H^3}{6}. \qquad (1)$$

Les résistances qui s'opposent à ce mouvement sont de trois natures, avons-nous dit, savoir :

1° Celle du remblai pilonné ;
2° Celle du poids de la maçonnerie ;
3° Celle de sa cohésion.

Résistance des remblais. — On a vu, au chapitre précédent, que le remblai peut fournir, suivant sa nature et le soin apporté à sa confection, une résistance qui varie de 4,400 kilogrammes à 10,000 kilogrammes par mètre carré, et cela, à quelque profondeur qu'on le considère.

Cette résistance élémentaire à la compression du remblai étant représentée par C, sa somme projetée sur l'axe OX parallèle au mouvement supposé interviendra, dans l'équilibre à considérer, sous la forme :

$$C D'H,$$

D' étant le diamètre extérieur de la cuve et H sa hauteur ; son moment de résistance autour de l'axe OZ sera :

(*) $$C D' H \frac{H}{2}, \qquad \text{soit :} C D' \frac{H^2}{2}. \qquad (2)$$

Résistance du poids de la maçonnerie. — La maçonnerie considérée comme

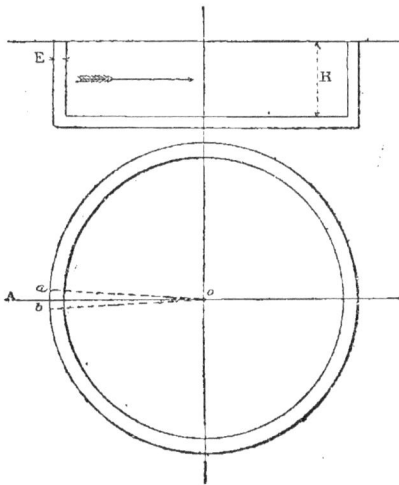

un corps pesant, mais sans liaison dans ses plans de joints verticaux, ne semble pas tout d'abord pouvoir offrir une résistance utile au mouvement

---

(*) Si les terres étaient meubles il conviendrait d'admettre que le point d'application de la résultante des poussées est au tiers de la hauteur, et alors le moment de ces poussées ne serait que :

$$C D' H \frac{H}{3};$$

mais les considérations développées précédemment (page 13), sur les poussées horizontales qu'engendre le pilonnage et qui sont indépendantes de la compression due au poids des couches supérieures, conduisent à supposer l'égalité des pressions horizontales à toutes les hauteurs.

de déformation qui tend à se produire. Elle repose sur le sol, qui lui oppose une résistance égale à son poids, et si l'on voulait prendre les moments de ces deux forces égales et opposées, on n'ajouterait aucun élément utile à l'expression de la résistance.

Le concours apporté par le poids de la maçonnerie ne se présente donc pas directement sous une forme qui puisse être introduite dans l'équation que nous nous proposons d'établir. Une transformation est nécessaire en effet, pour lever cet embarras, mais elle nous paraît autorisée et satisfaisante.

Ainsi que l'expérience l'indique, la maçonnerie tend à se renverser par prismes verticaux tout autour de la cuve; chaque élément se mouvant autour de la tangente ab à la base, en restant dans un plan vertical dont la trace horizontale est AO et qui passe par le centre de figure de la cuve; il oppose à ce renversement le moment dû à la résistance de son poids; soit par unité de circonférence :

$$PHE\frac{E}{2},$$

P étant le poids de l'unité de volume, E l'épaisseur de la cuve.

Or ce moment a pour équivalent celui d'une force horizontale qui agirait au centre de gravité avec un rayon $\frac{H}{2}$ et une intensité Q, qu'on déduirait de l'équation suivante :

$$P E^2 \frac{H}{2} = \frac{H}{2} Q.$$

Par conséquent cette force

$$Q = P E^2$$

et la somme de ses moments élémentaires autour de l'axe OZ donnerait une résistance totale exprimée ainsi :

$$Q D' \frac{H}{2} = \frac{P E^2 D' H}{2}. \tag{3}$$

D' étant le diamètre extérieur de la cuve; et on peut admettre cette expression comme étant celle qui convient à la résistance due à la pesanteur.

Résistance due à la cohésion. — Mais la maçonnerie n'oppose pas que son poids à la force de renversement qui tend à rompre la cuve, sa cohésion joue un rôle important qu'il ne faut pas négliger.

Cette résistance à la rupture par traction agit nécessairement au centre de gravité de la section, c'est-à-dire dans le cas particulier qui nous occupe, à la moitié de la hauteur. Si l'on appelle K cette force par mètre carré, on pourra écrire sa valeur correspondante à la section de l'ouvrage dont l'épaisseur est E :

$$K H E.$$

Sa résistance s'exerce nécessairement dans le plan de rupture possible et apporte par conséquent à la résistance totale et pour les deux sections comprises dans ce plan, l'élément :

$$2 K H E \frac{H}{2}, \qquad \text{soit} : K H^2 E. \qquad (4)$$

L'expression de l'équilibre, dans l'hypothèse d'une rupture imminente, sera donc :

$$1000 \frac{H^3 D}{6} = \frac{C D' H^2}{2} + \frac{P E^2 D' H}{2} + K H^2 E,$$

et de cette équation simple, dans laquelle l'épaisseur E sera en général la seule inconnue, on déduira sa valeur.

Très-généralement d'autres considérations auront conduit à donner à cette quantité E une valeur commandée par la nature des matériaux employés ou par les formes des corps dont elle doit être chargée; dans ce cas on vérifiera seulement si elle satisfait à la condition d'équilibre qui vient d'être établie, et pour cela on introduira des valeurs arithmétiques au lieu et place des signes généraux qui y figurent.

Le coefficient C relatif à la résistance du remblai a été déterminé par les soins de la Compagnie Parisienne du gaz comme il a été dit plus haut (pages 14 et 15). Il varie de 4,400 kilogr. par mètre carré pour la terre végétale, à 10,000 kilogr. pour le sable de plaine pilonné et arrosé.

Le poids P du mètre cube de maçonnerie est approximativement :

Maçonnerie de briques.	1,800 kilogr.
Maçonnerie fraîche de moellons.	2,200
Maçonnerie de meulière.	2,500

La résistance à la rupture par traction, que nous avons désignée par K, est toujours plus forte pour les matériaux que pour le mortier, il n'y a donc lieu de s'occuper que de celle-ci. On trouvera ces coefficients au chapitre suivant.

Les trois forces résistantes qui concourent à assurer la stabilité des gazomètres, la pesanteur et la cohésion de la maçonnerie, puis la compression des terres n'agissent pas toutes trois au même moment de la résistance à produire. Le poids, par exemple, ne sera mis en œuvre que si la maçonnerie tend à tourner autour de son arête extérieure. Il n'est donc pas prudent d'admettre que cet élément interviendra dans la résistance au même moment que la compression du sol et la cohésion de la maçonnerie.

Il est nécessaire de rechercher isolément la valeur de chacun de ces trois éléments de résistance et de voir quel rôle ils auront à jouer avant qu'une déformation se produise. Il est évident que si la résistance du sol et celle de la cohésion suffisent pour empêcher la maçonnerie de s'ouvrir, la pesanteur n'aura pas lieu d'intervenir.

Application à la cuve n° 13 de l'usine de La Villette. — Les dimensions de la cuve n° 13 et les données se rapportant à cette cuve sont les suivantes :

$$H = 12^m,70$$
$$D = 56^m$$
$$D' = 58^m,76$$
$$E = 1^m,38$$
$$C = 10,000 \text{ kilog.}$$
$$K = 150,000 \text{ kilog.}$$
$$P = 2,200 \text{ kilog.}$$

L'application de la formule précédente donne :

$$19114000 < 47387000 + 1559666 + 33609610 < 82556276.$$

Les éléments de résistance sont donc quatre fois plus considérables qu'il n'est nécessaire.

3° CIMENTS ET ENDUITS.

L'épaisseur du mur circulaire en maçonnerie de ciment de Portland à prise lente, qui constitue les parois verticales de la cuve ou citerne du gazomètre n° 13 de l'usine de La Villette, a été fixée à 1^m,38; on a indiqué les motifs dans le chapitre précédent. Cette condition de solidité remplie, la cuve doit satisfaire à une seconde condition non moins importante : elle doit être parfaitement étanche. — L'enduit dont elle est revêtue à l'intérieur assure cette étanchéité.

On exécute cet enduit en mortier de ciment de Vassy à prise rapide dans la proportion de 1 de sable pour 1 de ciment en volume; il est appliqué sur l'intrados du gros œuvre de la cuve et lissé à sa surface.

L'étanchéité de la cuve dépend presque exclusivement de la bonne confection de l'enduit. La maçonnerie contre laquelle il est appliqué ne suffirait pas en effet, à elle seule, pour retenir les eaux. Les moellons ne sont pas assez réguliers ni les vides comblés d'une façon assez parfaite par le mortier Portland, pour que la citerne puisse être étanche sans le secours de l'enduit.

Il est intéressant de faire connaître les procédés employés :

1° Pour la constatation de la bonne qualité des ciments;

2° Pour la confection de l'enduit.

1° Ciments.

CIMENTS A PRISE LENTE

La composition chimique du ciment de Portland, fabriqué à Pouilly en Bourgogne, considéré comme type des ciments à prise lente, est la suivante, indiquée par MM. Rivot et Chatoney dans leur mémoire sur les ciments :

Silice.	23, 00	⎫
Alumine.	9, 00	⎬ 93, 00
Chaux.	61, 00	⎭
Sable.	1, 00	⎫
Oxyde de fer.	5, 00	⎬ 7, 00
Eau et acide carbonique.	1, 00	⎬
Magnésie.	Traces.	⎭
TOTAL.	100, 00	

Dans le chiffre de 61 pour 100 de chaux, il entre 2 pour 100 environ de chaux libre, proportion qu'il convient de ne pas dépasser, parce que la chaux se dissolvant dans l'eau peu à peu, il en résulterait la formation de pores ou cavités dans le ciment, ce qui diminuerait son imperméabilité.

Le meilleur ciment serait même celui dans lequel toute la chaux serait combinée à l'argile. Ce produit serait d'une lenteur de prise extrême, et il n'en serait que meilleur. Mais, jusqu'ici, aucun fabricant n'est encore arrivé à ce degré de perfection.

Caractères et propriétés du ciment de Portland de Pouilly. — Le ciment de Pouilly fait et doit faire prise très-lentement, sous l'action incessante de l'humidité. Le maximum de ténacité est obtenu par celui qui s'est durci complétement sous l'eau après six à huit mois d'emploi.

Voici quelques exemples qui démontrent l'influence de l'âge du mortier sur la résistance qu'il acquiert avec le temps.

Une briquette de ciment pur, présentant une surface de rupture de 16 centimètres carrés (section horizontale d'un prisme de 4 centimètres de côté), faite depuis six semaines et maintenue sous l'eau pendant tout ce temps, s'est rompue à la traction sous une charge de 200 kilogrammes, ce qui faisait 12 kilogrammes par centimètre carré.

Une autre briquette semblable, faite depuis huit mois et maintenue également sous l'eau, s'est rompue sous une charge de 500 kilogrammes, ce qui faisait 31 kilogrammes par centimètre carré.

En ce qui regarde la question d'humidité, on doit citer les résultats d'observation suivants :

Les mortiers de ciment durcissent notablement plus vite au soleil et à l'air libre que sous l'action de l'humidité. Ainsi, les enduits de l'intrados des cuves des gazomètres sont déjà très-durs lorsque ceux de l'intérieur de la maçonnerie sont encore dépourvus de cohésion et même se cassent facilement à la main. Cela tient à ce que ces derniers ne sont pas exposés au contact de l'air et qu'ils se trouvent sous l'action de l'humidité. Mais la rapidité de la prise a toujours lieu au détriment de la ténacité du produit définitif et aussi de son imperméabilité. C'est une des raisons pour lesquelles on soustrait avec grand soin à l'action du soleil, et l'on arrose constamment, les surfaces intérieures des cuves, jusqu'au moment où elles doivent recevoir les enduits.

Le degré de pulvérisation des ciments est encore pour quelque chose dans la rapidité de la prise.

Les mortiers en ciment de Portland, qui contiennent beaucoup de chaux libre, prennent relativement plus vite que ceux qui en contiennent moins. Mais ils sont moins tenaces et surtout beaucoup plus poreux et perméables.

Poids des ciments de Portland. — Le poids du ciment de Portland varie proportionnellement au degré de cuisson qu'il a subi pendant la fabrication : plus la chaleur a été grande, plus la combinaison a été parfaite et plus le ciment est lourd. Un ciment lourd rend la prise du mortier plus longue, mais en augmente la dureté définitive. C'est donc aux ciments les plus lourds que l'on donne la préférence, toutes choses égales d'ailleurs.

Le poids du mètre cube des meilleurs ciments en poudre varie entre 1,350 et 1,550 kilogrammes; il peut atteindre même 1,600 kilogrammes.

Confection des mortiers de ciment de Portland. — Voici maintenant les précautions qui sont employées dans la confection des mortiers et dans leur emploi :

On est arrivé à adopter la proportion de 3 de sable fin pour 1 de ciment de Portland.

On gâche le mortier avec un excès d'eau, puis on laisse le mortier sur une aire, avant son emploi, pendant un temps qui varie entre une heure et quatre heures, suivant l'âge du ciment employé. Sur cette aire, il rejette son excès d'eau, à laquelle on a soin de ménager un écoulement. Le mortier prend peu à peu de la consistance, et quand il est devenu pâteux, il convient de l'employer.

Cette condition est essentielle pour obtenir une maçonnerie bien liée et se rapprochant autant que possible du monolithe. Dans certaines constructions où le mortier avait été employé trop frais et, par suite, trop mou, il n'a point résisté à la pression du moellon posé dessus et les joints se sont trouvés dégarnis.

Enfin tous les moellons sont lavés immédiatement avant l'emploi.

CIMENTS A PRISE RAPIDE, DU DISTRICT DE VASSY (BOURGOGNE)

La composition chimique du ciment de Vassy, considéré comme type de ciment à prise rapide, est la suivante :

Argile.	32, 00	Silice.	21, 00
		Alumine.	11, 00
Chaux.			58, 00
	TOTAL.		100, 00

Il n'y a dans ce dernier chiffre aucun atome de chaux à l'état libre, comme cela avait lieu dans le ciment de Portland, à cause de la basse température à laquelle se fait la cuisson des calcaires.

Ce ciment pèse de 800 à 1,200 kilogrammes le mètre cube en poudre. Le poids de 1,000 kilogrammes est considéré comme satisfaisant.

Essais pour la réception des ciments. — Ces essais sont de deux sortes. Les uns ont pour but de mesurer l'imperméabilité; les autres ont pour objet de mesurer la résistance à la traction ou à l'arrachement.

Essais à la perméabilité. — On emploie une presse hydraulique à deux cylindres en fonte qui est représentée ci-après.

On peut expérimenter deux rondelles de ciment *a, a'* à la fois. Ces rondelles sont fabriquées soit avec du mortier de ciment pur, soit avec

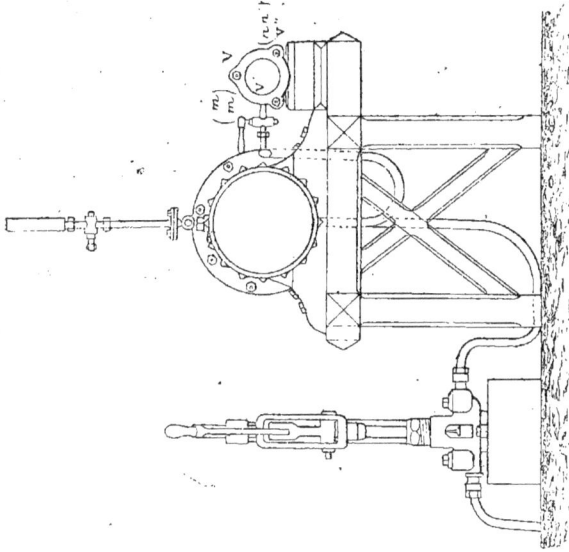

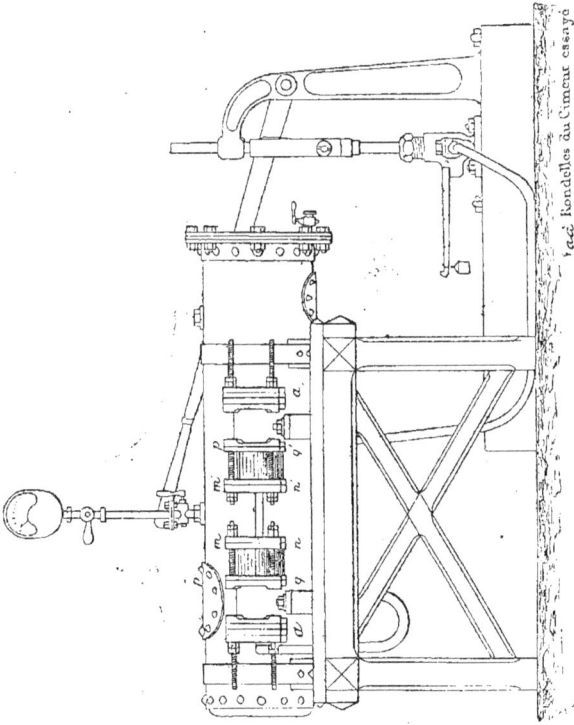

Face Kondolles du Cimeur essayé

Echelle de 0^m,05 p^1,00

du mortier de ciment et de sable gâché dans des proportions déterminées. On leur donne la forme cylindrique dans des moules qui consistent tout simplement en petits cylindres en zinc ouverts aux deux bouts et ayant des hauteurs variables suivant l'épaisseur que doivent avoir les rondelles. Cette épaisseur varie généralement entre $0^m,02$ et $0^m,10$, elle correspond aux épaisseurs des enduits verticaux de la partie supérieure et de la base des cuves des gazomètres. Les rondelles sont mises préalablement dans du sable humide, où elles séjournent un temps plus ou moins long, souvent plusieurs mois, suivant la nature de l'essai que l'on se propose de faire.

Pour essayer les rondelles, il suffit d'enlever les plaques de serrage annulaires mn, $m'n'$, qui sont retenues par les trois écrous v, v', v'', et d'interposer, entre elles et les fonds pq, $p'q'$, des deux cylindres de la presse, les deux rondelles à expérimenter. Ces deux fonds de cylindres sont évidés, de même que le sont les plaques de serrage : sur la face interne des rondelles s'exerce la pression de l'eau, et, sur la face externe, ainsi que sur leur tranche, s'observent les progrès successifs de l'imbibition et du suintement de l'eau.

On a soin, pour assurer l'étanchéité des surfaces de serrage, d'appliquer sur les deux bases des rondelles de petits anneaux en caoutchouc.

Les deux cylindres sont mis en communication avec un réservoir à eau dans lequel on entretient une pression constante au moyen d'une petite pompe. Cette pression est accusée par un manomètre.

Les ciments qui sont essayés ainsi, au point de vue de leur imperméabilité, sont principalement et plus spécialement les ciments à prise rapide, puisque c'est avec eux que sont confectionnés les enduits.

Essais à la traction. — En ce qui concerne les essais à la traction ou à l'arrachement, ce sont les ciments à prise lente qui sont expérimentés ; en d'autres termes, ceux qui servent à la confection des maçonneries de gros œuvre.

Il est évident que la forme et les dimensions du corps confectionné pour les essais et soumis à un effort de traction présentent de l'intérêt à cause de l'influence qu'elles peuvent exercer sur la résistance. Toutefois, on a cru devoir adopter les dispositions consacrées afin de rendre comparables les résultats observés.

On emploie un appareil à levier représenté ci-dessous :

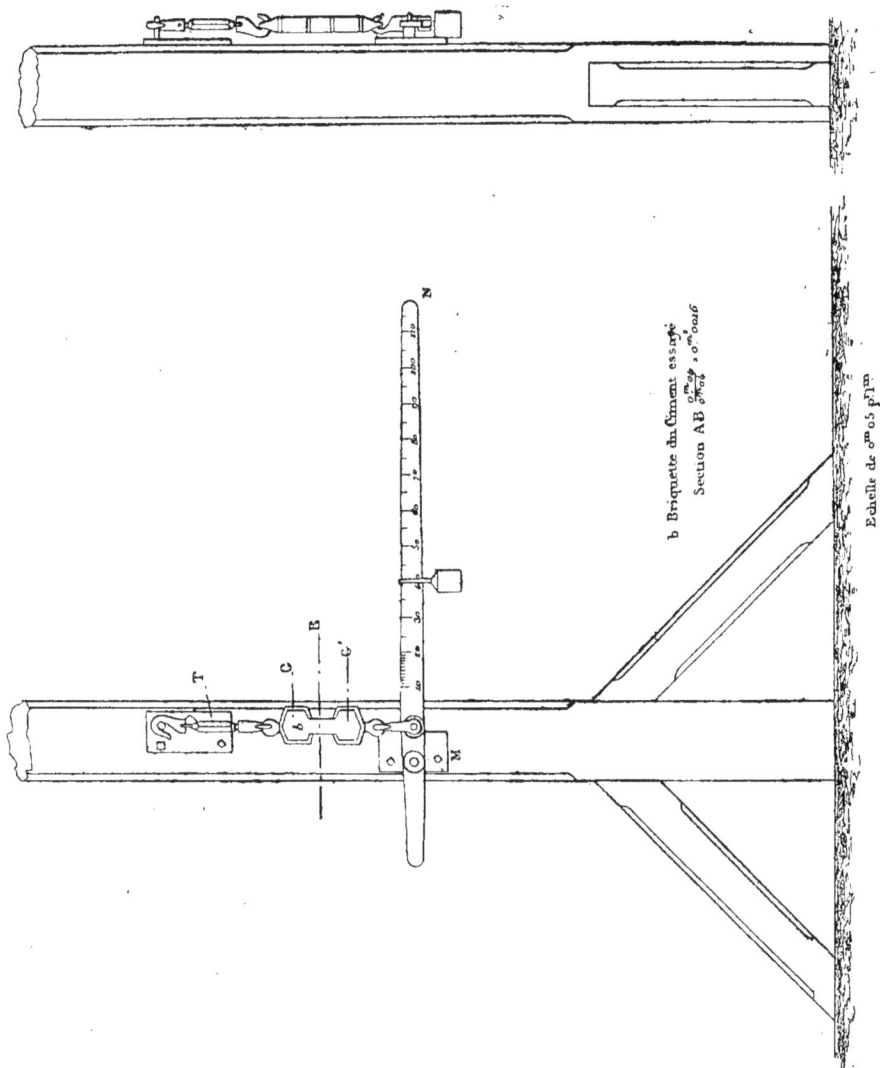

On donne aux briquettes *b* une section horizontale de $0^m,04$ sur $0^m,04$, soit 16 centimètres carrés ; elles présentent à leurs extrémités deux parties renflées qui leur permettent d'être saisies par les griffes en fer G et G'.

3

La manœuvre de l'appareil, qui est d'ailleurs celui toujours employé pour de pareils ciments, se comprend d'elle-même à l'inspection du dessin. On fera seulement observer la présence d'un tendeur à filets de vis inverses, T, qui permet de maintenir l'horizontalité de la barre graduée M N qui sert de levier.

Résultats généraux des essais. — Voici maintenant les résultats généraux que les ciments ont donnés à la suite de ces essais ainsi définis.

Fabrication des mortiers. — Les ciments à prise rapide en poudre sont mélangés par parties égales en volume avec du sable de rivière tamisé. On indiquera plus loin les motifs qui ont fait adopter cette proportion.

La quantité d'eau employée pour gâcher le mortier est variable suivant la densité du ciment.

Ainsi, voici les proportions qui ont été reconnues les plus convenables pour les ciments suivants :

Ciment de Tenay (Ain) dont le mètre cube en poudre pèse 1150 kil.
Ciment de Vassy (marque X). 900
Ciment de Vassy (marque Y). 860

DÉSIGNATION.		CIMENT DE TENAY	CIMENT DE VASSY	
			MARQUE X.	MARQUE Y.
En volume	Ciment.....	13 parties	13 parties.	13 parties.
	Sable......	13 —	13 —	13 —
	Eau........	11,25 —	9,25 —	9 —
Le 1er fait prise en.....		15 minutes (*)		
Le 2e —		....	1 heure.	
Le 3e —		....	....	30 minutes.

(*) C'est un ciment très-vif et, par suite, d'un emploi très-difficile dans la construction d'un gazomètre, où il faut forcément transporter le mortier à une certaine distance.

On s'est servi pour comparer entre eux ces divers ciments, au point de vue du temps qu'ils mettent à durcir, d'un clou pointu pesant dix-sept grammes. — Le moment du durcissement est ainsi défini : celui où le mortier peut supporter le poids du clou sans en garder l'empreinte.

Les rondelles de ciment pur s'échauffent pendant la prise. On peut à peine y tenir la main pendant trois quarts d'heure environ, surtout pour les ciments puissants comme celui de Tenay. Quand le ciment est mélangé avec du sable, les rondelles s'échauffent beaucoup moins.

On a déjà indiqué, page 29, le mode de confection des mortiers de ciment à prise lente; la proportion de trois parties de sable pour une partie de ciment en poudre a été consacrée par l'expérience. On expliquera plus loin comment on y a été amené.

Influence du milieu humide dans lequel se fait la prise des mortiers.— On a déjà fait ressortir, page 29, les avantages que l'on réalise en exposant les mortiers de Portland pendant tout le temps de leur durcissement complet, qui est fort long (six à huit mois), à l'action de l'humidité.

Il en est de même des mortiers de ciment à prise rapide, qui, bien que faisant corps, pour la plupart, en moins d'une heure, n'en ont pas moins, eux aussi, un temps de durcissement très-prolongé. L'action moléculaire dure de deux à trois mois, ainsi que des expériences relatives à la perméabilité et à la ténacité l'ont démontré, et c'est au contact de l'eau qu'elle agit de la façon la plus favorable.

Voici des chiffres à l'appui.

1° *Au point de vue de l'imperméabilité.* — Des rondelles de mortier composé de 1 ᵖ de ciment pour 1 ᵖ de sable, ayant $0^m,04$ d'épaisseur, expérimentées à la presse hydraulique, appareil décrit page 30, ont donné les résultats suivants :

CIMENT DE VASSY (MARQUE X).

TEMPS ÉCOULÉ entre la confection des rondelles et le moment de l'expérience.	TEMPS DU SÉJOUR des rondelles dans es able mouillé.	PRESSION.	DURÉE DE L'ESSAI DES RONDELLES ayant fait prise — TENAY.		DURÉE DE L'ESSAI DES RONDELLES ayant fait prise — VASSY (MARQUE X).		OBSERVATIONS.
			à l'air.	au contact de l'eau.	à l'air.	au contact de l'eau.	
87 jours.	»	1 atm. ½	6h 30un	»	»	»	La rondelle est tout à fait traversée par l'eau de la presse.
83 jours.	35 jours.	2 atm. ½	»	8 jours.	»	»	Rondelle non traversée. — Quelques suintements sont seulemen observés sur la tranche; ils disparaissent bientôt.
94 jours.	55 jours.	2 atm.	»	3 jours.	»	»	L'eau a suinté, dès le début de l'essai, sur la tranche, puis le suintement s'arrête.
39 jours.	»	3 atm.	»	»	3 jours.	»	La rondelle n'est pas traversée, mais des suintements se manifestent sur la tranche.
62 jours.	37 jours.	3 atm.	»	»	»	10 jours.	La rondelle n'est pas du tout traversée.

OBSERVATION GÉNÉRALE.

Les rondelles ont subi la pression sur leur face non lissée. Celles qui n'ont pas été traversées ont été cassées après l'expérience. On a constaté que leur intérieur était mouillé et que l'humidité s'arrêtait à l'extrémité lissée. (*Voir le croquis ci-contre.*)

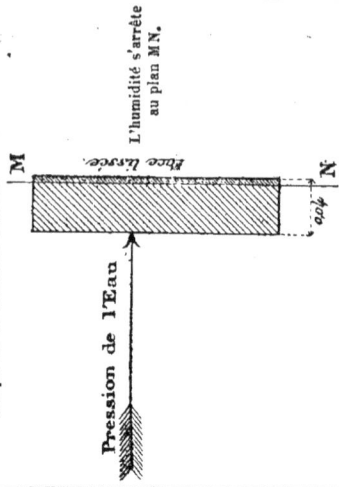

Coupe de la rondelle suivant le diamètre.

M

Face lissée.

0m04

N

l'humidité s'arrête au plan MN.

Pression de l'Eau

Les mortiers à prise lente suivent la même loi.

Ainsi :

Une rondelle de mortier de ciment de Portland 2 pour 1, ayant $0^m,06$ d'épaisseur fabriquée depuis 41 jours et étant restée exposée à l'air, a été traversée en 5 heures de temps, sous la pression de 1 atm. 3.

Une rondelle semblable, fabriquée depuis 46 jours, et ayant été conservée sous le sable humide, a été traversée sous la même pression en 11 heures.

Le tableau précédent montre d'une façon bien nette que les rondelles qui ont séjourné dans le sable mouillé sont notablement moins perméables que celles qui sont restées à l'air libre.

On doit dire, toutefois, que, dans la pratique, la perméabilité des mortiers qui ont fait prise à l'air diminue à la longue. Ainsi, les cuves de gazomètres, dont les enduits ont fait prise à l'air, commencent presque toutes par perdre l'eau ; — mais peu à peu la perte diminue et, le plus souvent, elle s'arrête au bout d'un certain temps.

L'expérience suivante a été exécutée sur des rondelles ayant fait prise à l'air, qui avaient préalablement subi l'action de la presse et qui s'y étaient imbibées d'eau.

Ces rondelles, en mortier de ciment de Portland 2 pour 1, avaient $0^m,06$ d'épaisseur, et elles avaient été mises sous pression 40 jours après leur confection. Elles avaient été complétement traversées par l'eau au bout de 10 heures : on les a ensuite laissées exposées à l'air libre pendant 19 jours, et on les a de nouveau essayées à la presse. Cette fois, il s'est écoulé 44 heures avant qu'elles fussent traversées par l'eau.

Souvent des rondelles qui se sont laissé traverser, même en peu de temps, et qui, au premier abord, paraissent laisser beaucoup à désirer, cessent de fuir à la longue, même en demeurant sous pression. — Ainsi une rondelle de $0^m,06$ d'épaisseur, en mortier de ciment de Vassy (marque Y) 1 pour 1, restée pendant 10 jours dans le sable humide, exposée ensuite à l'ombre pendant 48 heures, a été soumise à la pression de 1 atmosphère 1/2. — Elle a été traversée au bout de 5 heures. — Mais, au bout de quelques jours, les suintements se sont tout à fait arrêtés.

2° *Au point de vue de la ténacité*, les mortiers gagnent également à faire prise au contact de l'eau.

Ainsi, une briquette de ciment de Tenay pur qui avait été maintenue pendant 85 jours dans du sable mouillé, a été arrachée, dans l'appareil à levier précédemment décrit, sous la pression de 10 kilogrammes par centimètre carré. Une briquette semblable, qui avait fait prise à l'air, a été arrachée sous la pression de 8 kilogrammes 1/2 par centimètre carré.

Les ciments à prise lente donnent des résultats qui concordent avec les précédents.

Influence de l'âge des mortiers sur leur imperméabilité et sur leur ténacité. — Le durcissement des mortiers est très-lent, comme il a été dit précédemment. On a constaté que c'est après 6 à 8 mois de confection que les ciments à prise lente présentent leur maximum d'imperméabilité, et ceux à prise rapide, après 2 à 3 mois.

Il en est de même de leur résistance à l'arrachement. On l'a déjà indiqué page 29.

Voici encore quelques chiffres à l'appui :

Deux briquettes de mortier de ciment de Pouilly ont donné les résultats suivants :

MODE DE CONFECTION DU MORTIER.	AGE de la BRIQUETTE.	PRESSION par CENTIM. CARRÉ sous laquelle a lieu la rupture.	OBSERVATIONS.
Une partie de sable pour une partie de ciment..	90 jours.	16 kilog.	Cette briquette avait fait prise sous l'eau.
	2 ans.	30 kilog.	Cette briquette avait été séchée à l'air. — Il est très-probable que si elle était restée exposée à l'humidité elle eût résisté davantage encore.

Influence de la densité des ciments. — La densité des ciments a une influence capitale sur la bonne qualité des mortiers. Malheureusement, certains ciments à prise rapide, trop denses, sont trop vifs à la prise, et ils sont d'un emploi difficile lorsque les mortiers doivent être transportés à une certaine distance. — On a déjà mentionné ce fait page 34.

Voici des résultats d'expériences qui démontrent la supériorité des ciments denses, tant au point de vue de l'imperméabilité qu'à celui de la ténacité.

On a essayé à la presse trois marques différentes de ciments à prise rapide, dont on a déjà parlé page 34.

Elles ont donné les résultats suivants :

MODE DE CONFECTION des RONDELLES.	ÉPAISSEUR des RONDELLES.	DÉSIGNATION des CIMENTS EMPLOYÉS.	DENSITÉ des CIMENTS. (Poids du mètre cube en poudre.)	TEMPS au bout duquel les rondelles sont traversées par l'eau sous une pression exercée pendant 36 heures.		OBSERVATIONS.
				de 1 atmosph.	de 2 atm. 1/2.	
Ciment pur : Les rondelles sont restées pendant 10 jours dans le sable mouillé ; puis elles ont été séchées à l'ombre pendant 48 h.	0m,06	TENAY.......	1150 kilog.	»	»	Ciment gras d'aspect, se lisse facilement.
		VASSY (marque X)	900 —	»	8 heures.	Prend une couleur rouille caractéristique après la prise. Excellent ciment, d'un emploi facile.
		VASSY (marque Y)	850 —	5 heures.	5 heures.	Bien que la rondelle ait été traversée, le suintement s'est arrêté à la fin de l'expérience.

Il résulte des expériences qui précèdent que ces ciments se rangent, au point de vue de leur imperméabilité, par ordre de *densité*.

Cet ordre est aussi généralement celui de leurs *ténacités*. Voici une expérience fort simple qui le démontre.

MODE DE CONFECTION DES RONDELLES.	PRESSION.	DÉSIGNATION des CIMENTS EMPLOYÉS.	TEMPS au bout duquel les rondelles ont été enfoncées et rompues par la pression de l'eau.	OBSERVATIONS.
Ciment pur : Rondelles minces de 0m,03 d'épaisseur.	2 atmosph.	TENAY,....... VASSY (marque X) VASSY (marque Y)	2 heures. 1 heure. 5 minutes.	

On a reconnu les mêmes qualités, résultant de la densité, aux ciments à prise lente.

Influence du lissage des enduits sur leur imperméabilité. — Les enduits en mortier de ciment sont lissés à la surface. Cette opération contribue d'une façon incontestable à les rendre plus étanches. — Les résultats d'expériences consignés dans le tableau de la page 36, à la suite desquels on a indiqué la coupe des rondelles, démontrent que *l'humidité de celles-ci s'est arrêtée à la partie lissée.*

Les essais comparatifs suivants confirment ces résultats pour les ciments à prise rapide comme pour ceux à prise lente. Ainsi :

MODE DE CONFECTION des RONDELLES.	MILIEU dans lequel les rondelles ont été maintenues.	AGE des RONDELLES.	ÉPAISSEUR des RONDELLES.	PRESSION.	DÉSIGNATION des CIMENTS EMPLOYÉS.	TEMPS au bout duquel l'eau a commencé à traverser les rondelles.	TEMPS au bout duquel les rondelles ont été traversées complidement.
Une partie de sable pour une de ciment..... (Une seule face lissée.)	Dans le sable mouillé.	3 mois.	0m,06	1 atmos. 3.	VASSY (marque Y). (Ciment à prise rapide.) { Face non lissée tournée du côté de la pression.	4 jours.	8 jours.
					{ Face lissée tournée du côté de la pression.	6 jours.	12 jours.
Deux parties de sable pour une de ciment..... (Une seule face lissée.)	A l'air libre.	85 jours.	0m,03	2 atmosphères.	POUILLY. (Ciment à prise lente.) { Face non lissée tournée du côté de la pression.	non observé	7 heures.
					{ Face lissée tournée du côté de la pression.	—	26 heures.
Deux parties de sable pour une de ciment..... (Une seule face lissée.)	A l'air libre.	40 jours.	0m,06	2 atmosphères.	POUILLY. (Ciment à prise lente.) { Face non lissée tournée du côté de la pression.	—	5 heures.
					{ Face lissée tournée du côté de la pression.	—	37 heures.

Proportions de sable les plus convenables à employer dans la confection des mortiers. — On est arrivé par expérience à composer le mortier de ciment à prise rapide avec 1ᵖ de sable pour 1ᵖ de ciment en poudre en volume. C'est ce mélange qui produit le mortier le plus résistant. Le ciment pur présente une ténacité un peu moins grande.

On a expérimenté un grand nombre de briquettes de mortier 1 pour 1, et de ciment pur; on a trouvé les mêmes résultats.

En voici la moyenne :

Briquettes en ciment pur (Tenay) (résistance par cent. carré)   10 kil.
—   en mortier 1 p. 1   —   —   14

Les briquettes avaient 85 jours de date; elles avaient été maintenues dans le sable humide.

Quand on augmente la quantité de sable, il est évident qu'on obtient un produit de moins en moins résistant. La ténacité diminue rapidement au fur et à mesure que la proportion de sable s'accroît. (*Voir le tableau suivant.*)

DESIGNATION du CIMENT EMPLOYÉ.	A G E des BRIQUETTES.	PROPORTION de SABLE EMPLOYÉE.	CHARGE sous laquelle a eu lieu la rupture des briquettes (par centim. carré).	OBSERVATIONS.
POUILLY. (Ciment à prise lente)	2 ans.	Deux parties de sable pour une de ciment.	19 kilog.	
		Une partie de sable pour une de ciment.	30 kilog.	

On a adopté le mélange de 3 de sable pour 1 de Portland en poudre pour les mortiers qui entrent dans la maçonnerie du gros œuvre des cuves des gazomètres. Leur ténacité est suffisante. Elle est de 10 à 12 kilogrammes par centimètre carré.

Pour les mortiers de ciment à prise rapide au contraire, dont on emploie de bien moins fortes quantités, puisque l'on ne s'en sert que pour les enduits, on a pu sans inconvénient se placer dans les conditions les meilleures, en adoptant la proportion de 1 de sable pour 1 de ciment en poudre. D'ailleurs l'enduit est la partie la plus délicate de l'ouvrage et de laquelle dépend, principalement, le succès de l'exécution.

2° **Enduits**.

Confection des enduits dans l'intérieur des cuves des gazomètres. — L'épaisseur des enduits est variable avec la pression de l'eau et distribuée ainsi : $0^m,08$ à la base de l'ouvrage, pour les grands gazomètres qui contiennent jusqu'à 13 mètres de profondeur d'eau, et $0^m,03$ à la partie supérieure, au niveau de la margelle.

Le fond de la cuve, ainsi que l'indiquent les dessins des gazomètres, est maçonné comme le pourtour. Cette maçonnerie est hourdée de la même façon que le reste du gros œuvre. C'est ce qui constitue le *radier*. Il est destiné à supporter l'enduit du fond de la citerne. Seulement les assises supérieures ne sont pas horizontales. On croise les joints, en créant à la surface du radier ce que l'on appelle un *hérisson ;* les moellons sont posés de champ, de manière que les joints soient verticaux.

Lorsque le bas de la fouille du gazomètre renferme des sources, et lorsque l'on ne peut pas les aveugler toutes, on en réunit les eaux dans un puisard, et on les épuise avec une pompe pendant tout le temps de la construction. C'est ce qui a eu lieu pour le grand gazomètre de l'usine des Ternes et pour celui de l'usine de Passy.

Il est très-important de maintenir constamment le niveau des eaux au-dessous de l'arasement supérieur du radier ; sans cela elles feraient souffler les enduits, en excerçant sur ceux-ci une sous-pression, souvent considérable, à travers le gros œuvre.

Le puisard dont il s'agit est maçonné et enduit à son pourtour ; cet enduit est relié à celui du radier avec lequel il fait corps. — Un tuyau en fonte est plongé dans le puisard, et du béton est coulé tout autour, de façon que l'eau des sources ne puisse avoir d'issue que par l'intérieur de ce tuyau. — Sa partie supérieure est terminée par une surface dressée sur laquelle est appliquée, au moment du remplissage, une soupape à clapet. Cette soupape est destinée à isoler complétement le sous-sol des eaux de la cuve. — Lorsque l'opération du remplissage s'exécute, les eaux du puisard s'épanchent d'abord dans la citerne ; mais dès que la hauteur d'eau est arrivée, dans celle-ci, à équilibrer la pression des sources, la soupape se ferme. Le remplissage de la cuve se continue dès lors à l'aide des seules ressources de l'eau extérieure, et il y a isolement complet entre le sous-sol et l'intérieur de la citerne. Si les enduits sont étanches et la soupape bien dressée sur son siége, la citerne ne doit pas perdre; cette opération a bien réussi aux usines des Ternes et de Passy.

Le mortier est projeté par les ouvriers cimentiers sur le gros œuvre. Son adhérence est obtenue tant par les harpes que présente l'intérieur de la maçonnerie, que par la façon particulière dont les ouvriers s'y prennent pour l'y jeter.

L'enduit est exécuté par couronnes circulaires successives sur le radier, et par reprises cylindriques sur le cylindre. Ces reprises ont $1^m,50$ de hauteur. La jonction entre le cylindre et le radier présente une gorge en partie renflée.

Soudures des enduits dans les reprises. — Les soudures dans les reprises se font de la façon suivante :

La partie supérieure de la reprise est taillée en biseau suivant un plan incliné du dehors vers le dedans.

La surface ainsi préparée est brossée avec soin, afin d'enlever les poussières qui se présenteraient comme des corps étrangers entre les deux reprises de l'enduit et qui nuiraient à leur bonne soudure; on la lave ensuite et on jette le mortier pour commencer la reprise suivante.

Épaisseur des enduits. — L'enduit, a-t-on dit, doit présenter $0^m,08$ d'é-paisseur à la base de la cuve et $0^m,03$ à la partie supérieure. Pour éviter de donner de l'inclinaison à la surface cylindrique de la cuve, on monte le gros œuvre en surplomb de toute la différence entre les épaisseurs.

Lissage des enduits. — Au fur et à mesure que l'enduit est exécuté, les ouvriers opèrent le lissage de sa surface.

Si les reprises sont bien faites, les enduits ne doivent pas laisser passer l'eau.

Il y a encore toutefois d'autres points faibles de la maçonnerie, sur lesquels il est utile d'appeler l'attention.

Scellements des guides dans la cuve, après l'achèvement de la maçonnerie. — Des fuites peuvent avoir lieu par les scellements des guides dans la cuve.

Afin d'éviter autant que possible des accidents de ce genre, les scellements sont exécutés en éclats de meulière et en mortier de ciment de
Vassy 1 pour 1. Toute la ligne des guides est d'abord appliquée verticalement d'une seule pièce dans sa position définitive, à la suite d'une
division préalable qui a été faite de la circonférence, en autant de parties
égales, qu'il y a de guides. Tous ceux-ci sont posés et scellés avant la
confection des enduits.

Les cavités ménagées dans la maçonnerie de la cuve pour recevoir les
scellements sont remplies avec les éclats de meulière et le mortier, de
telle sorte que l'on forme un monolithe dans lequel le support du guide
se trouve noyé. Il n'y a donc plus de fuite possible, ce qui est important
à réaliser, car l'enduit se raccorde mal avec le fer ; et d'ailleurs se raccordement aurait-il lieu d'une façon convenable au début, qu'il y aurait
toujours à craindre le décollement par suite des vibrations du guide pendant la course de la cloche.

Les fuites, dans d'autres parties, sont naturellement évitées, puisque
l'enduit vient recouvrir le tout, avec la précaution essentielle qu'aucune
reprise de celui-ci ne corresponde avec les bords de la cavité remplie.

Enfin, les pierres de taille appelées *dés*, qui sont disposées sur le radier
pour supporter les échafaudages intérieurs et les guides, constituent encore des points faibles à l'égard des fuites. Mais ici, également, des soins
particuliers sont apportés dans le bon raccordement des enduits avec les
faces verticales de ces dés.

4° CLOCHE SIMPLE OU TÉLESCOPIQUE ET GALETS.

Cloche d'un gazomètre ordinaire.

La cloche d'un gazomètre ordinaire est formée d'un cylindre fermé à sa partie supérieure par un segment sphérique ou calotte.

Calotte d'une cloche de gazomètre. — La forme de cette dernière partie est utile à l'écoulement de l'eau qui tombe sur la cloche, mais elle est surtout indispensable pour diminuer la force d'arrachement sur la couture qui assemble le dernier rang de tôle de la calotte avec la cornière.

Si l'on songe que cette couture doit transmettre au cylindre une partie de la pression qui a lieu sous la calotte dans une direction capable de donner naissance à une composante verticale égale au poids du cylindre, on reconnaît que ces tôles, relativement flexibles, doivent avoir la plus grande inclinaison possible.

On comprend facilement aussi l'intérêt qu'il y a à donner au premier rang de tôle de la calotte une épaisseur plus grande qu'à tout le reste, et à la couture avec la cornière des conditions de solidité exceptionnelles. Elle est faite avec deux rangs de rivets de fort diamètre rivés à chaud.

Cette condition de la rivure à chaud est uniquement la conséquence de la grosseur des rivets, qui se prêterait difficilement à un rivage à froid; elle n'est pas une condition de bonne exécution; au contraire. Le rivet posé chaud se refroidit vite dans toute sa partie qui est en contact avec la tôle; la portion qui dépasse et qui devra former la rivure se maintient relativement plus chaude; elle est même réchauffée par le martelage, et c'est elle qui supporte toute l'action mécanique du battage. Elle s'étend sous le marteau et le corps du rivet résiste. Aussi arrive-t-il que le rivet posé à chaud ne remplit pas facilement le vide de la tôle, tandis que le rivet posé à froid s'y refoule et y produit une clôture plus hermétique.

Cylindre. — Le premier rang des tôles du cylindre est aussi d'une épaisseur plus grande que les rangs qui suivent, tant pour fournir une attache convenable avec la cornière que pour assurer une base solide à l'application des galets.

Les mêmes raisons conduisent à la même conclusion pour le rang inférieur, et elle est d'autant plus motivée, que cette partie de la cloche ne peut pas être peinte pendant toute la durée du gazomètre, puisqu'elle reste toujours immergée.

La base de la cloche a en outre besoin d'être consolidée par un ouvrage qui la rende indéformable. Si la cloche rencontre, sur un point de sa circonférence, un obstacle à sa marche, elle tend à continuer son mouvement dans le reste de son étendue et se déforme. Alors les galets sortent de leurs guides et la cloche prend une position oblique qui ne peut être combattue par tout ce qui l'entoure. Cette altération de la forme de la cloche ne peut être empêchée que par la résistance même de cette pièce, et c'est la raison qui conduit à consolider le bord inférieur du cylindre.

A cet effet, on lui applique à l'intérieur une poutre armée qui joue par rapport à cette partie de l'appareil, le même rôle que la calotte joue par rapport à la partie supérieure.

Dans le gazomètre nº 13 de l'usine de La Villette, donné ici pour exemple, cette armature est formée de deux tôles horizontales, ayant 2 mètres de largeur et 7 millimètres d'épaisseur, réunies par une troisième tôle de 1 mètre de hauteur, formant un cylindre vertical concentrique à celui de la cloche.

Les tôles horizontales sont percées de larges ouvertures par lesquelles l'eau de la cuve entre et sort pendant le mouvement de déplacement, d'ailleurs très-lent, de la cloche.

Galets. — Les galets qui sont appliqués au sommet de la cloche sont fixés sur le cylindre et non sur la calotte. Cette position sur un corps indéformable permet d'en régler le montage pendant la construction et procure une fixité que n'offre pas la position sur la surface sphérique qui se détend et s'abaisse quand le gazomètre n'est pas en pression.

En outre, ces galets doivent être construits et attachés avec une solidité qui les rende capables de transmettre, de la cloche aux guides, les énormes efforts que celle-ci reçoit du vent. La fonte et les boulons doivent, autant que possible, être proscrits de ces ouvrages : la fonte, parce qu'elle est cassante ; les boulons, parce qu'ils ne produisent pas sur la tôle mince des attaches assez solides ni assez étanches.

Le support commun à deux galets tangentiels, tel qu'il est construit dans le gazomètre n° 13, est exécuté en tôle et en cornière, et présente des dimensions qui font intervenir à la résistance une grande étendue de tôle.

Les axes des galets sont en fer forgé et ils ont un diamètre qui les rend capables de supporter la pression qui peut être à transmettre, sous l'action du vent, de la cloche aux guides. Ces axes sont formés de deux cylindres pris dans une même pièce de fer forgé ; ils n'ont pas le même diamètre ni le même axe de figure, de telle sorte que l'on peut, en les posant, varier la distance entre les galets et les guides sans être gêné par la fixité des supports.

Ceux-ci peuvent donc être fixés invariablement à l'avance sans qu'il y ait à se préoccuper de la coïncidence parfaite de leur position réelle et de celle qu'ils devraient occuper.

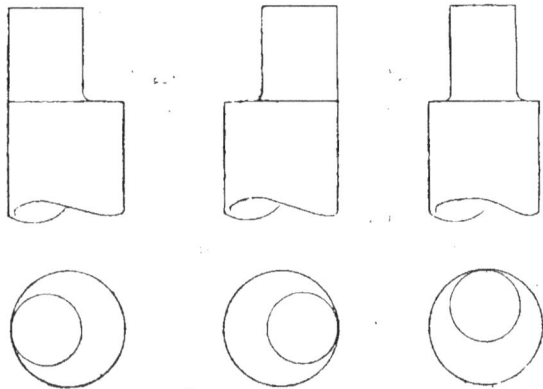

Les galets peuvent être démontés et leurs axes enlevés et remplacés au besoin, pendant la marche du gazomètre.

Les supports rivés sur la cloche sont seuls immobilisés.

Les conditions de résistance que doit présenter l'angle supérieur de la cloche doivent être étudiées tout spécialement.

Angle du cylindre et du fond sphérique. — La cornière en fer laminé, qui réunit la tôle du cylindre avec la calotte sphérique formant le fond supérieur de la cloche, doit satisfaire à des conditions de résistance qu'il est utile d'analyser pour déterminer les dimensions qu'il convient de donner en ce point à la cornière, à la tôle et aux rivets.

Si l'on considère l'état d'équilibre de la cloche pendant qu'elle est soulevée par la pression du gaz qu'elle contient, en projetant toutes les forces sur un axe vertical, on reconnaît tout d'abord que le poids P de la cloche entière est égal à la somme des pressions du gaz sur la cloche, projetées sur cet axe ; laquelle est bien évidemment égale aussi à la pression du gaz par mètre carré multipliée par la section droite du cylindre, quelles que soient la forme et la flèche de la calotte.

D'ailleurs le poids P total est égal à la somme du poids P′ + P″ de la calotte et du cylindre.

Le poids P′ de la calotte est supporté directement par une fraction de la pression totale, et le surplus de cette pression est employé à supporter le poids P″ du cylindre. Par conséquent la cornière, qui forme l'angle de réunion de ces deux parties, n'aura à transmettre, de la calotte au cylindre, que les efforts nécessaires pour donner naissance à une composante verticale égale à ce poids. Il faut donc soumettre la liaison de ces deux parties à un examen basé sur les conditions de résistance qu'elles doivent présenter.

Quant à celles qui intéressent le cylindre, il n'y a pas lieu ordinairement de s'en occuper, bien que les rivets y soient soumis à un effort de cisaillement. Jamais les cloches des gazomètres n'atteignent des hauteurs assez considérables, ou ne supportent à leur base des charges additionnelles assez fortes, pour que la traction du poids P″ du cylindre sur sa couture puisse offrir un motif sérieux d'attention.

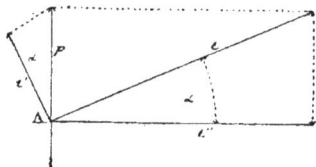

Il n'en est pas de même de l'assemblage de la calotte, à cause de l'obli-

4

quité très-grande des forces développées. Soit α l'angle que fait au point A le premier élément de la calotte avec le plan horizontal ; soit p la composante verticale, égale à la fraction du poids du cylindre, qui correspond à l'unité de circonférence de la cloche.

La tension t de la tôle se déduira de :

$$p = t \cos (90° — α),$$

d'où
$$t = \frac{p}{\sin α}. \qquad (1)$$

et cette valeur t exprimera en même temps la force qui tend à rompre les rivets par cisaillement.

La traction, qui s'exercera sur les rivets dans le sens de leur longueur, sera :

$$t' = p \cos α. \qquad (2)$$

La composante horizontale t'' sera :

$$t'' = t \cos α = \frac{p \cos α}{\sin α} = \frac{p}{\tang α}. \qquad (3)$$

Cette force a une projection nulle sur l'axe vertical, c'est une composante élémentaire qu'il faut totaliser pour en faire apparaître le rôle.

Les expressions de t, t' et t'' permettront de s'assurer que les dimensions données à l'ouvrage sont en proportions convenables avec les efforts à supporter.

Leurs valeurs se déduisent des dimensions de la cloche du gazomètre et de la différence de pression h, qui existe entre le gaz contenu sous la cloche et celle de l'air atmosphérique.

Le poids élémentaire p est égal au poids P'' du cylindre réparti sur la circonférence, dont le diamètre est D, soit :

$$p = \frac{P''}{\pi D}.$$

Par conséquent les équations (1), (2) et (3) deviennent :

$$t = \frac{P''}{\pi D \sin α},$$

$$t' = \frac{P''}{\pi D} \cos α,$$

$$t'' = \frac{P''}{\pi D \tang α}.$$

On comprend facilement, et les formules font voir, tout l'intérêt de l'inclinaison qui correspond à l'angle α. Pour que la calotte pût être placée comme une section droite du cylindre, auquel cas l'angle α serait nul et son sinus aussi, il faudrait que

$$t = \infty.$$

Cette limite ne permet pas de réduire beaucoup l'angle α. Des exemples malheureux ont appris l'intérêt qu'il y a à donner à cet angle la plus grande valeur possible. Sur la demande de la Compagnie Parisienne, les forges de Châtillon et Commentry ont fait établir des laminoirs qui produisent une cornière de forte dimension, $0^m,130$ sur $0^m,130$, ouverte à l'angle nécessaire et pour laquelle l'angle α est, dans le cas qui nous occupe, de $14°$. Avec cette cornière, on aura donc dans l'application :

$$\mathrm{Sin}\ \alpha = 0,24192,$$

$$\frac{1}{\sin \alpha} = 4,13,$$

d'où
$$t = 4,13\ \frac{P''}{\pi D}.$$

La composante t' est dirigée suivant le rayon et ne fournit pas directement un enseignement utile; mais si l'on totalise ses valeurs élémentaires, on fait apparaître la compression qui s'exerce dans la section transversale du métal.

En effet, la projection de cette force sur un rayon perpendiculaire au plan vertical contenant la section où l'écrasement tendrait à se produire, donne la relation :

$$t''D = \frac{P''D}{\pi D\ \tan\alpha} = \frac{P''}{\pi\ \tan\alpha}.$$

La projection sur l'autre moitié du diamètre serait égale et de signe contraire.

Application au gazomètre n° 13 de l'usine de La Villette. — Ces formules permettent de constater que les dimensions données aux pièces qui réunissent la calotte à la cloche du gazomètre n° 13 de l'usine de La Villette offrent toutes les garanties de résistance nécessaires, en effet :

Traction sur la tôle du premier rang. — Le poids P'' du cylindre est de 139974 kilogrammes, et son diamètre intérieur a 55 mètres; donc :

$$t = 4,13 \frac{139974}{3,14 \times 55} = 3347 \text{ kilog.}$$

Or, la tôle a une épaisseur de 8 millimètres, elle est assemblée à la cornière par deux rangs de douze rivets chacun; ces rivets qui ont un diamètre de $0^m,018$, laissent entre eux, par mètre :

$$1^m,00 - (12 \times 0^m,018) = 0^m,784.$$

Sa section de résistance est donc, en millimètres carrés, de :

$$8 \times 784 = 6272^{mmq},$$

et, comme chaque millimètre peut supporter impunément 7 kilogrammes, la résistance totale disponible est de :

$$6272 \times 7 = 43904 \text{ kilog.,}$$

ce qui dépasse de beaucoup le besoin.

Cisaillement des rivets. — Les rivets peuvent résister à un effort de cisaillement qui est les 0,8 de l'effort capable de produire leur rupture par traction.

Le mètre de cornière est assemblé par vingt-quatre rivets chevauchés ayant un diamètre de $0^m,018$ et une section de $0^{mq}0002543$; la somme sera donc de $0^{mq}006103$ et la résistance totale à la traction, calculée sur la base de 7 kilogrammes par millimètre carré seulement, sera :

$$6103 \times 7 \times 0,8 = 34176.$$

Or, la traction qui s'exerce sur les rivets suivant leur axe de figure est exprimée par :

$$t' = \frac{P''}{\pi D} \cos \alpha = \frac{139974}{3,14 \times 55} \, 0,97 = 786 \text{ kilog.}$$

chiffre de beaucoup inférieur à celui de la résistance des pièces.

Écrasement de la cornière. — La pression que supporte la section contenue dans un plan vertical passant par l'axe de la cloche a été évaluée à :

$$\frac{P''}{\pi \text{ tang } \alpha}$$

et elle se répartit sur toute la section. Toutefois, il ne paraît pas convenable de faire entrer la section du cylindre dans cette résistance, et il faut évidemment se borner à ne considérer que celle de la calotte et de la cornière.

La tôle de la calotte a une section de 330000 millimètres carrés ; la cornière, y compris la tôle du cylindre sur la largeur de la rivure, a une section égale à 14,560 millimètres carrés ; ce qui fait un total de 344,560 millimètres carrés.

La pression totale à répartir est égale à :

$$\frac{P''}{\pi \, \tang \alpha} = 180,000 \text{ kilog.}$$

La pression par millimètre carré n'est donc que de :

$$\frac{180,000}{344,560} = 0^k,536.$$

La cornière seule offrirait une section presque suffisante pour supporter cette pression sans éprouver de déformation.

Cloche des gazomètres télescopiques.

Des considérations de diverses natures conduisent à l'emploi des gazomètres télescopiques : le défaut de place ou la nature défectueuse du sol qui ne permettrait pas l'exécution de cuves profondes, par exemple.

Gorge. — On sait que les anneaux qui constituent la cloche d'un gazomètre télescopique sont reliés par une gorge hydraulique qui établit entre eux la continuité. Ce joint hydraulique doit avoir une hauteur suffisante pour faire équilibre à la différence entre la pression intérieure et la pression extérieure ; il doit avoir en outre un excédant de hauteur capable de parer aux défauts d'horizontalité de la gorge pendant le mouvement ; enfin, il doit contenir encore une quantité d'eau correspondante aux fuites que la gorge peut présenter ou à l'évaporation que les chaudes journées d'été pourront lui imposer.

La réalisation de ces conditions ne saurait être assujettie à des règles fixes ; elles varieront nécessairement avec la latitude du lieu où sera établie la construction, mais les deux premières doivent partout être observées et remplies avec une rigoureuse exactitude.

La planche I qui contient les figures 1, 2, 3, 4, 5 et 6, représentant les positions que peut prendre la gorge hydraulique pendant son passage au niveau d'eau de la cuve, permet d'étudier les cas divers auxquels doit satisfaire le joint hydraulique.

La figure 1 représente la gorge remplie d'eau dans toutes ses parties, ainsi qu'il peut arriver soit par la dissolution de l'air de la gorge dans l'eau de la cuve, soit par l'échappement de ce gaz par les fuites que présentent souvent ces ouvrages au début de leur service.

La figure 2 suppose la gorge élevée de toute sa hauteur au-dessus du niveau inférieur, mais celui-ci n'a pas été découvert par le fond de la gorge, et l'eau est restée dans les compartiments qui ne sont pas en contact avec l'atmosphère. C'est le phénomène qui se produit quand on sort de l'eau un vase renversé rempli de liquide.

La figure 3 considère l'état de distribution du liquide contenu dans la gorge aussitôt que le gaz a pu y pénétrer avec la pression intérieure du gazomètre.

Cet état d'équilibre donne lieu aux observations suivantes, qui établissent entre les volumes du gaz et de l'eau, contenus tous deux dans la gorge, des relations utiles à l'étude des phénomènes qu'il s'agit d'analyser.

Ainsi :

Le volume d'eau contenue dans la gorge provenant de l'état d'équilibre de la situation précédente (*) est évidemment égal à :

$$\mathrm{H} + h. \tag{1}$$

(On suppose toutes les sections égales et par conséquent les volumes sont proportionnels aux hauteurs.)

Le volume de gaz qui a pour somme des hauteurs $\mathrm{H} + h'$ peut être déterminé en fonction de H et de h qui sont connus; ainsi :

$$h' = \mathrm{H} - h''.$$

Les figures 2 et 3 montrent aussi que :

$$2h'' + h = \mathrm{H} + h,$$

(*) *Voir* planche I.

d'où
$$h'' = \frac{H}{2},$$

et
$$h' = H - \frac{H}{2} = \frac{H}{2}.$$

Par conséquent le volume de gaz initial :

$$H + h' = H + \frac{H}{2} = \frac{3}{2} H. \tag{2}$$

De cette expression on tire cette première déduction que, si la hauteur H n'est pas égale à $2h$, l'eau débordera par-dessus la gorge au moment où le gaz y pénétrera.

Dans l'état représenté figure 3, le gazomètre peut monter au-dessus de cette position, puis redescendre sans que rien ne change dans les hauteurs relatives du niveau de la gorge. Mais lorsque celle-ci s'immerge, emprisonnant le volume de gaz qu'elle contient, ce gaz donne lieu à des déplacements du liquide qu'il convient d'étudier.

La figure 4 représente la gorge suffisamment immergée pour que l'eau qui est contenue dans le compartiment en communication avec l'atmosphère affleure le haut de ce compartiment.

Dans ce cas, la hauteur h''', que le gaz occupe au-dessus de l'eau dans le compartiment moyen, se déduit de la connaissance du volume de l'eau $H + h$ (1), et on peut écrire :

$$h''' = 2H - (H + h) = H - h.$$

Mais le volume du gaz aussi contenu est de (2) :

$$\frac{3}{2} H = h''' + h^{IV},$$

donc
$$h^{IV} = \frac{3}{2} H - h''' = \frac{H}{2} + h.$$

La figure 5 suppose que la cloche a continué de descendre, que l'excès d'eau contenue dans les compartiments a débordé pour tomber dans la cuve et que la gorge est sur le point d'immerger entièrement.

Dans cette situation, le volume de gaz est soumis dans les deux compartiments à une même pression; les deux hauteurs h^V et h^{VI} sont égales entre elles et puisque leur somme est connue, on peut écrire :

$$h^V + h^{VI} = H + h' = \frac{3}{2} H,$$

et par conséquent $\qquad h^{\text{v}} = h^{\text{vi}} = \dfrac{3}{4}$ H.

Cette relation des deux niveaux intérieurs se maintiendra tant que la gorge descendra, et le volume absolu seul changera sous la compression au fur et à mesure de l'immersion, pour retrouver son volume primitif en revenant à la position qui vient d'être considérée.

A partir de ce point et en supposant que l'ascension recommence pour accomplir une seconde course, la gorge n'emportera plus qu'un volume d'eau moindre que le volume primitif et seulement égal à :

$$\frac{5}{4} \text{ H,}$$

qui doit être suffisant pour assurer, dans le service régulier, la garde nécessaire aux autres conditions que la pratique des choses et l'imperfection de la construction peuvent exiger, notamment pour assurer le maintien du joint dans les mouvements de balancement de la cloche entre ses guides.

Influence du défaut d'horizontalité de la cloche. — La construction est conduite pour arriver à placer la gorge qui contient le joint hydraulique dans une attitude parfaitement horizontale, mais ce résultat n'est pas toujours obtenu. La gorge peut être inclinée soit par le fait d'un tassement inégal de tout l'ouvrage, soit par une imperfection dans l'exécution de l'ouvrage en tôle.

En outre, il est nécessaire de laisser entre les galets et les guides, un jeu suffisant pour que rien n'entrave la libre marche de l'ensemble.

Cette cause toute seule, permettant à la cloche de se balancer sur le gaz qui la supporte, produit des inclinaisons de la gorge. Il est facile d'en apprécier la valeur en fonction des dimensions de l'appareil.

Si l'on fait une application relative au gazomètre télescopique de Saint-Denis, qui a les dimensions suivantes :

Hauteur. . . . . $14^{\text{m}}{,}18$
Diamètre moyen de la gorge. . . . . $19 {,}65$
Jeu entre les galets et les guides. . . . . $0 {,}015$

on trouve que le déplacement d'un point de la circonférence y, comparé au déplacement de l'axe vertical de figure, sera donné par la proportion :

$$y : 0,015 :: \frac{19,65}{2} : \frac{14,18}{2}.$$

d'où
$$y = 0^m,0207.$$

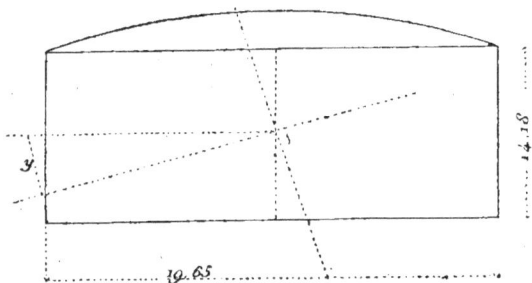

Mais, si le mouvement du gazomètre se produit dans un sens opposé au précédent, ce déplacement d'eau sera doublé et porté à $0^m,0414$.

Donc il est nécessaire que la gorge contienne, en plus de la hauteur qui a été déterminée par les considérations précédentes, une hauteur d'eau de $0^m,0414$.

A ces deux causes il faut, avons-nous dit, ajouter celles qui proviennent de l'imperfection de l'exécution, de l'évaporation, etc., et pour ces raisons réunies, il a été donné à la gorge du gazomètre de Saint-Denis une hauteur totale de $0^m,50$. C'est celle qui figure au dessin de la planche I, fig. 9.

Hauteur de l'anneau inférieur de la cloche. — La gorge hydraulique d'un gazomètre télescopique doit nécessairement plonger dans l'eau de la cuve, lorsque l'anneau inférieur de la cloche porte au fond, sans quoi l'anneau supérieur devrait franchir, en tombant, un espace libre et, pendant ce mouvement, le gaz s'échapperait.

En outre, la cloche supérieure ne pourrait plus s'élever au-dessus du niveau de l'eau et la capacité du gazomètre serait réduite à la moitié de sa valeur initiale.

Cette condition obligée de l'immersion complète de la gorge peut même être exagérée utilement et il est extrêmement intéressant d'obliger la gorge à descendre un peu au-dessous du niveau supérieur et normal de la cuve.

D'abord, le fonctionnement de la cloche est plus à l'abri des arrêts que peut produire l'abaissement du niveau par l'évaporation ou par les fuites que présente quelquefois la maçonnerie de la cuve; ensuite elle est là à l'abri de la congélation qui atteint facilement l'eau de la surface. On conçoit, en effet, que si le sommet de la gorge affleure le niveau, l'eau qui y est contenue pourra s'y congeler, comme il arrive ordinairement à l'eau de la surface de la cuve, et si l'on considère que le fait se produira particulièrement du côté où frappe le vent, c'est-à-dire inégalement, on conçoit le trouble que pourra produire l'interposition d'un corps solide, en un point seulement de l'intérieur de la gorge. Or les froids coïncident avec les longues nuits et se produisent ordinairement aux époques de l'année où les usines ont besoin de toutes leurs ressources en matériel; il est donc très-important de soustraire la gorge des gazomètres télescopiques aux interruptions de service que la congélation de l'eau de la surface ne manquerait pas de produire. Une profondeur de quelques décimètres suffit d'ailleurs pour abriter la gorge, et l'espace laissé libre par cette disposition est très-utilisable pour l'application des galets supérieurs sur le côté de la cloche centrale, où ils sont bien plus convenablement établis que sur la calotte.

Utilité du volume d'eau de la cuve. — Le refroidissement de l'eau d'une cuve de gazomètre est évidemment retardé par l'importance relative de son volume. S'il est grand, on comprend que les gelées de courte durée n'auront pas le temps d'en abaisser la température au point de congeler la surface extérieure. Dans les pays froids où la gelée est à redouter, il importera donc plus qu'ailleurs de laisser à la cuve toute sa capacité, ce que ne font pas quelques constructeurs.

Chauffage de la gorge. — Il ne suffit pas de soustraire la gorge hydraulique à la congélation, qui pourrait l'atteindre lorsque le gazomètre est au bas de sa course; il faut encore s'opposer à son refroidissement lorsqu'elle est élevée au-dessus de l'eau de la cuve.

Deux moyens sont employés à cet effet. Ou bien on enveloppe la cloche dans un vaste pavillon hermétiquement clos et dont l'atmosphère est convenablement chauffée; ou bien on réchauffe l'eau de la gorge au fur et à mesure qu'elle se refroidit.

Cette dernière solution a besoin, pour être efficace, de dispositions spéciales et celles qui sont appliquées sur le gazomètre de Saint-Denis garantissent le succès sans obliger aux dépenses d'établissement d'un pavillon enveloppant tout le gazomètre et ne dispensant pas d'ailleurs d'un chauffage puissant.

Elles consistent dans l'établissement d'une double paroi formant l'un des côtés de la gorge hydraulique et dans l'introduction d'un jet de vapeur dans l'espace formé entre elles. On comprend qu'il soit possible de faire arriver par cette disposition autant de chaleur qu'il en faudra pour maintenir l'eau de la gorge à une température supérieure à 0°.

L'eau condensée se joint à l'eau de la gorge et toute la chaleur apportée par la vapeur est utilisée.

Il importe que le nombre des points par lesquels la vapeur pénètre dans la gorge soit tel, que la chaleur puisse se répartir convenablement. L'expérience fait connaître qu'une élévation de température de l'eau de la gorge, de 10° au-dessus de la température ambiante, peut être facilement obtenue dans une étendue de 60 mètres, soit à 30 mètres de chaque côté de l'arrivée de la vapeur.

Il importe, pour assurer le succès de cette disposition, de mettre l'extrémité du compartiment de chauffage en libre communication avec l'atmosphère, pour permettre à l'air de s'échapper et pour éviter les absorptions d'eau qui pourraient résulter de la condensation de la vapeur.

Construction des cloches.

La construction des cloches des gazomètres constitue un travail de chaudronnerie qui a ses exigences propres, mais qui offre aussi des ressources intéressantes qu'il importe de faire connaître.

Le prix de revient de cet ouvrage peut être en effet beaucoup diminué, si on introduit dans cette confection les simplifications que la Compagnie Parisienne applique avec succès et que l'expérience a complétement consacrées. La plus importante consiste dans la préparation entière de l'ouvrage à l'atelier de confection ; il n'y a plus à faire sur le terrain que l'assemblage par la rivure.

Toutes les feuilles doivent être découpées à la forge sur un patron fourni avec la commande, de telle sorte qu'il n'y ait à retoucher à au-

cune, et sans qu'il faille se préoccuper à l'avance ni pendant le travail de
la place qu'elle occupera dans le rang auquel elle se rapporte. Un seul
patron suffit à toutes les tôles du cylindre et un seul aussi à celles d'un
même rang de la calotte.

Ces patrons sont exécutés en double exemplaire à l'atelier de la chaudronnerie, avant la commande, peints à l'huile en blanc, numérotés en
rouge, et mis ainsi dans un état qui ne permet pas de les confondre avec
des pièces semblables de la fabrication. Si l'on songe que toutes les ca-
lottes des gazomètres de grand diamètre peuvent être tracées et découpées suivant une surface sphérique de rayon constant, on comprend
que les mêmes patrons de la calotte peuvent indéfiniment servir. Le
dernier rang, celui qui se raccorde avec la cornière, subit seul le chan-
gement qui est commandé par la grandeur du diamètre. Le rayon de
200 mètres convient bien au gazomètre de 20 à 60 mètres de diamètre.
Au-dessous de 20 mètres il est nécessaire de diminuer ce rayon pour accroître la sphéricité; au-delà de 60 mètres on peut l'accroître pour diminuer le volume inutile de la calotte et la dépense auquel il correspond
dans l'exécution de l'ouvrage en tôle.

La deuxième série de patrons est conservée à l'atelier, tracée, divisée
et percée avec le plus grand soin, et elle sert à tracer toutes les feuilles
à ouvrer. La méthode qui paraît convenir le mieux à cet effet consiste dans le pointage de chaque trou avec un poinçon qui a le diamètre du trou et qui porte au centre une pointe courte et peu angu-
laire qui suffit à produire une marque très-appréciable sous un coup

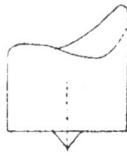

de marteau très-léger. Le poinçon de la machine à percer porte une
pointe semblable, et l'ouvrier s'applique à faire coïncider la pointe de
l'outil avec le coup de pointeau.

Perçage des tôles. — Les machines à percer qui assurent à l'exécution
une rectitude parfaite, soit dans l'alignement, soit dans l'espacement

des trous, seraient assurément d'un bon usage pour le percement des tôles du cylindre et pour celui de deux lignes des trous de la calotte; mais le percement des trous correspondant aux deux coutures circulaires doit être fait à la main.

Planage. — A leur arrivée à l'atelier, les tôles sont planées sur des tables en fonte d'une grande épaisseur formant enclume. Cette opération a surtout pour but de faire disparaître les défauts de planicité.

Après ce dressage, on les trace, on les perce, puis on cintre les tôles du cylindre en dépassant un peu la mesure du besoin, parce que le transport et les manutentions diverses qu'elles subissent, tendent à les redresser.

Rivure. — Malgré le soin avec lequel ces prescriptions sont suivies, il arrive que des trous ne se rencontrent pas exactement et que l'équarrissoir en acier, passé dans la place du rivet, ne fait pas coïncider les trous des deux tôles à joindre. Ce défaut doit être corrigé par la malléabilité du rivet. Il doit être confectionné avec du fer s'écrasant facilement à froid et se refoulant bien dans une forme irrégulière comme celle que produit la superposition de deux trous dont les axes ne coïncident pas. Le fer du Berri satisfait déjà à cette condition; mais le fer de Suède est bien plus convenable encore; et quand on songe au petit rôle que joue le prix de revient du fer des rivets dans l'exécution d'un ouvrage tel qu'un gazomètre, on n'hésite pas à recourir à son emploi.

Cornières. — Les cornières qui entrent dans la confection des gazomètres sont en fer laminé à la houille. Elles sont cintrées et percées mécaniquement.

La courbure nécessaire peut leur être donnée à la main, par un travail au marteau, mais cette façon est chère et défectueuse. Une machine à cintrer toute spéciale, construite par la Compagnie Parisienne produit ce résultat d'une manière économique avec une grande perfection et sans altérer le métal. Cette machine ressemble beaucoup à une machine à cintrer les bandages des roues, mais elle en diffère essentiellement en ce que ses cylindres portent des canelures qui correspondent à chacune des cornières qui peuvent être employées. La cornière à angle ouvert de 104° elle-même est cintrée sur cet appareil qui porte une canelure disposée pour cet usage.

Montage. — Toutes les parties d'un gazomètre doivent être assemblées sur place, pièce par pièce. Le travail par parties, c'est-à-dire, la réunion de plusieurs feuilles composant des panneaux faits à l'atelier, conduit à des défauts de forme inacceptables.

On ne peut obtenir un ouvrage irréprochable qu'à la condition de préparer chaque feuille à l'atelier.

Il y a plus, le rivage ne doit être commencé qu'alors que trois rangs de feuilles au moins sont assemblées. De petits boulons, portant des écrous à oreille, sont employés pour faire ce montage préalable.

Le jeu qui existe dans un ensemble composé d'un si grand nombre de pièces permet d'amener rigoureusement à leur place les feuilles qui portent les trous, percés à l'avance, des porte-galets. Il est bien évident que la cornière du bas et le premier rang de tôle doivent être posés avec attention et de manière à faire coïncider ces pièces avec l'emplacement que leur assigne le tracé.

Le diamètre lui-même doit être rigoureusement obtenu par la mise en place des pièces isolées et non pas déduit de leur assemblage successif. Si une correction quelconque à l'une des pièces de la base était nécessaire au début du montage, il faudrait l'opérer sans hésitation, plutôt que de modifier les proportions qui ont servi de base à l'exécution de toutes les autres parties de l'ouvrage.

L'interposition de papier ou de peinture dans les joints n'est pas nécessaire ; un ouvrage bien fait peut et doit se passer de ce moyen qui n'assure le joint qu'au début et qui peut avoir des conséquences fâcheuse avec le temps. L'oxydation du métal dans les joints, qui ne sont pas assez serrés pour que l'eau n'y pénètre pas, complète l'étanchéité qui n'a pas été produite lors de la rivure.

Pendant l'exécution de la calotte, les feuilles qu'on assemble avant de les river, sont soutenues par des étais débités dans de la planche et n'offrant pas une trop grande résistance. On les multiplie au besoin, en prenant soin de ne pas charger le plancher outre mesure en un seul point. Cette charge accidentelle, toute passagère, peut cependant atteindre un poids plus grand que le poids de la calotte elle-même, puisqu'elle en opère la tension et elle commande l'emploi de charpentes et de planchers capables de la supporter.

5° TUYAUX ADDUCTEURS.

Les gazomètres sont reliés à la fabrication par un tuyau d'entrée, et à l'émission par un tuyau de sortie; sur ces tuyaux sont interposés des moyens de fermeture, robinets, clefs hydrauliques ou vannes sèches. Les diamètres de ces tuyaux doivent être en proportion convenable avec la capacité des gazomètres et à l'abri des accidents qui peuvent en paralyser l'usage.

Ces conditions, si faciles qu'elles paraissent, rencontrent des difficultés sérieuses qui donnent un grand intérêt aux solutions diverses qu'elles ont reçues.

Sections des tuyaux.— Les conduites d'accès à un gazomètre doivent avoir une section suffisante pour ne pas ajouter aux résistances que le gaz de la fabrication rencontre entre sa production et son emmagasinage. Elles doivent avoir surtout une section suffisante pour ne pas faire éprouver au gaz, lors de l'émission, une perte de charge sensible, qui ne permettrait pas d'utiliser toute la pression due au poids du gazomètre et que la fabrication a dû vaincre pour le remplir. Enfin elles doivent pouvoir, en cas de besoin, se suppléer l'une l'autre, soit pour l'entrée du gaz, soit pour sa sortie. Cette dernière condition motive l'emploi d'un diamètre aussi grand pour l'un des usages que pour l'autre, bien que les vitesses d'écoulement correspondantes à l'entrée ou à la sortie du gaz soient très-différentes.

Enfin les formes et les diamètres des conduites d'entrée et de sortie du gaz dans le gazomètre doivent être arrêtés en tenant bien compte des obstruction fréquentes auxquelles les expose la cristallisation de la naphtaline. Il importe d'y ménager des moyens d'accès pour son extraction sans qu'il soit nécessaire de suspendre l'usage de l'appareil.

La réalisation de ces diverses conditions conduit à donner aux conduits un diamètre correspondant à une vitesse maximum de cinq mètres par seconde. Lorsque cette condition amène à faire emploi de tuyaux de trop gros diamètre, on tourne la difficulté en les multipliant. C'est ce qui a été fait pour le gazomètre n° 13 de l'usine de La Villette. Cette solution a en outre le mérite de fractionner les chances d'obstruction et d'assurer plus complétement le service contre toute cause d'arrêt.

Forme des tuyaux. — Deux systèmes sont employés dans la construction des tuyaux d'entrée et de sortie : les tuyaux fixes en forme de siphons renversés, qui descendent au bas de la cuve, y pénètrent par dessous et remontent à l'intérieur jusqu'au-dessus du niveau de l'eau ; puis les tuyaux articulés qui s'élèvent au-dessus du sol et pénètrent dans la cloche par sa calotte. Ces tuyaux, qui suivent le gazomètre dans son mouvement, sont nécessairement articulés en trois points de leur longueur.

Ces deux systèmes doivent satisfaire à des obligations particulières à chacun d'eux, qu'il est nécessaire d'examiner.

Tuyaux fixes. — Les tuyaux fixes, avons-nous dit, se composent d'une branche verticale qui descend dans un puits où elle est accessible, puis d'une partie horizontale et d'une autre branche verticale contenue dans la cuve, ces deux parties étant inaccessibles. Le coude situé au bas du puits est le point le plus éloigné auquel on puisse avoir un accès direct, et il importe d'assurer cet accès par l'exécution d'un puits en maçonnerie à l'abri des infiltrations du sol ou des fuites de la cuve du gazomètre lui-même. L'extrémité supérieure du tuyau vertical contenu dans la cuve forme bien encore un moyen d'accès ; mais son usage est bien restreint, si le gazomètre doit rester en service, et si la plaque de l'ajutage placée sur la calotte au-dessus du tuyau ne peut pas être enlevée.

Deux causes d'obstruction sont à redouter dans ces conduites : l'eau d'infiltration par un joint mal fait ; la naphtaline qui s'y cristallise sous l'influence du refroidissement.

Pour diminuer les chances de la première imperfection, on peut exécuter le tuyau horizontal d'une seule pièce et ne pas admettre de joint intermédiaire inabordable et, dans tous les cas, difficile à bien faire.

Pour ne pas offrir à la naphtaline un lieu de dépôt où elle puisse cristalliser en repos, il est convenable de n'avoir pas d'élargissement brusque de section à la base du tuyau vertical intérieur à la cuve. Un coude fondu avec une plaque de fondation, qui répartit le poids du tuyau vertical sur une grande étendue de maçonnerie, satisfait à cette condition. Le tuyau horizontal, aussi fortement incliné que possible et coulé d'une seule pièce, relie le coude avec la base de la conduite verticale placée dans le puits et y ramène les condensations.

Assez généralement on place en ce point une pièce de fonte d'un gros volume qui est destinée à recueillir les condensations. Ce volume est peu utilisable et il est très-encombrant. Un tuyau en forme de T, ménageant un libre accès dans le tuyau horizontal, lui est certainement préférable.

Dans tous les cas, un siphon et une pompe aspirante et élévatoire doivent nécessairement compléter ce tuyau, dont la partie inférieure, toujours froide, condense les dernières traces de vapeur d'eau entraînée par le gaz.

La naphtaline, que le gaz contient toujours et dont la cristallisation apparaît sous des influences encore mal définies, le refroidissement ou la dessiccation, par exemple, produit souvent dans les tuyaux des engorgements qui en réduisent ou même en obstruent complétement la section. Ces cristallisations en lamelles extrêmement minces sont faciles à détacher et à entraîner par un lavage à grande eau et à froid. On pratique cette opération en introduisant l'eau par le tuyau intérieur à la cuve, soit en découvrant le regard qui recouvre l'entrée du tuyau, soit en faisant usage d'un siphon qui donne accès à l'eau sans laisser sortir le gaz, et on chasse ainsi la naphtaline contenue dans ce tuyau et dans la branche horizontale jusqu'au bas de la branche verticale. Un pompage actif pratiqué dans cette partie accessible du tuyau entraîne la naphtaline que l'eau déplace et charrie.

La pompe qui sert à vider les condensations ordinaires n'est pas suffisante pour ces nettoyages. Il faut avoir recours à une pompe puissante et simple qui s'adapte bien aux conditions de l'application. La pompe Letestu est celle qui convient le mieux à cet usage et il est convenable de préparer à l'avance une tubulure sur laquelle on puisse l'appliquer au besoin.

Tuyaux articulés. — Ces tuyaux ont été employés pour la première fois dans la construction du gazomètre de l'usine d'Ivry, appartenant alors à MM. Pauwels et Du Bochet. Ils furent imaginés pour résoudre la difficulté que présentait l'accès de ces gazomètres dont le fond est à 25 mètres

5

sous le sol et noyé dans les eaux qu'on rencontre à cette profondeur. Leur usage fut si satisfaisant à tous les points de vue qu'on les appliqua ensuite aux gazomètres ordinaires.

Ils sont formés de tuyaux droits en tôle, relativement légers, réunis par des articulations en fonte. Chacune de celles-ci consiste dans un tuyau transversal à la direction principale, dont les deux extrémités tournent dans des boîtes à étoupes. Le garnissage de ces joints ne présente aucune difficulté pendant la marche du gazomètre et ne réclame aucun soin particulier. De l'étoupe trempée dans du suif fondu ou même seulement dans de l'huile suffit à assurer l'étanchéité du joint pendant le mouvement.

La naphtaline n'a pas apparu encore dans ces tuyaux adducteurs qui sont en fonction depuis plus de trente ans sur les gazomètres de l'usine d'Ivry, et depuis très-longtemps aussi sur un grand nombre d'autres gazomètres appartenant à la Compagnie Parisienne ou à d'autres Compagnies.

Le gazomètre n° 13 de l'usine de La Villette en offre un exemple extrêmement intéressant, puisqu'il a dispensé de l'exécution de quatre puits qui auraient occasionné une dépense beaucoup plus grande que celle des articulations.

6°. GUIDES.

Gazomètres ordinaires.

La stabilité d'une cloche de gazomètre constitue un problème aussi difficile à réaliser qu'important à résoudre.

La cloche a son centre de gravité beaucoup au-dessus de son centre de figure, et tend à se renverser dès que ces deux centres cessent d'être maintenus dans une même verticale.

L'équilibre pendant le déplacement n'est pas la seule condition à satisfaire pour assurer la stabilité de ces appareils; ils doivent encore pouvoir résister dans les limites les plus étendues aux actions perturbatrices des causes étrangères à leur construction : le vent, par exemple, qui peut exercer sur une cloche de gazomètre un effort d'une intensité considérable contre lequel elle doit être efficacement protégée. Ce résultat peut bien être obtenu par la construction d'un bâtiment enveloppant le gazomètre, quand ses dimensions ne dépassent pas certaines limites ; mais quand elles atteignent les proportions des appareils auxquels les grandes Compagnies sont obligées d'avoir recours, il faut renoncer à cette solution et assurer la stabilité des appareils pendant le déplacement, malgré l'action des vents les plus intenses.

Ce n'est pas le vent seulement qui menace la stabilité des gazomètres, il y a une autre cause de renversement peut-être plus considérable : c'est l'arrêt d'un point de la cloche. Si une cloche, en effet, est arrêtée dans son mouvement par une action intervenant à sa circonférence, le mouvement qui tend à se continuer sur le reste de l'appareil fait naître des pressions horizontales qui peuvent atteindre des limites considérables.

Gazomètres à galets tangentiels avec guides en tôle. — L'étude qui va suivre suppose que les galets sont du système tangentiel, et que les colonnes et poutres du guidage sont exécutées en tôle de fer, solutions dont l'idée première appartient à deux anciens ingénieurs de la Compagnie Parisienne.

Il importe de dire que les poutres horizontales réunissant les guides, au sommet et à mi-hauteur, sont assemblées avec les colonnes d'une manière si intime qu'on peut justement les considérer comme encastrées dans celles-ci.

Rappelons aussi que les deux galets qui embrassent un même guide laissent entre eux le jeu nécessaire pour donner passage aux imperfections d'exécution ou de verticalité de cette pièce et que quatre galets contenus dans un même plan diamétral sont seuls en contact à la fois.

Enfin, disons que les colonnes reposent sur la cuve en maçonnerie, où elles sont assemblées par de forts boulons.

Évaluation de l'action du vent. — On trouve, dans des tables spéciales, que le vent qui correspond aux grands ouragans peut atteindre une vitesse de 45^m,30, et exercer sur une surface plane qu'il rencontre perpendiculairement une pression de 277^k,87 par mètre carré.

La forme cylindrique des cloches des gazomètres a certainement pour conséquence d'amoindrir cette action dans une grande proportion; mais les auteurs ne fournissent aucune mesure directe de la réduction à lui faire subir, au moins en ce qui concerne le vent.

Pour l'eau, on considère généralement que la pression exercée par un courant d'eau agissant contre un prisme droit précédé d'une surface demi-cylindrique, est réduite dans la proportion de 1,10 à 0,57.

La forme de l'arrière des piles de pont a été aussi étudiée au même point de vue, et, lorsqu'elle est formée par deux plans inclinés à 45°, elle réduit encore la pression supportée par le prisme de 11 pour 100. L'effort total serait donc réduit, sur un cylindre, à 0,46 de ce qu'il est sur un plan.

Si ces observations faites sur les liquides sont applicables aux gaz, on serait autorisé à réduire l'effort du vent par mètre carré de la section droite d'une cloche de gazomètre, à :

$$277^k,87 \times 0,46 = 127^k,82.$$

Répartition de la pression sur les galets. — La pression totale se répartissant sur quatre galets, deux toujours contenus dans la cuve et deux agissant sur les guides, la force horizontale avec laquelle chacun de ces deux galets pressera sur les guides, sera :

$$F = \frac{1}{4} \times 127^k,82 \times DH,$$

en appelant D le diamètre et H la hauteur de la cloche.

Deux conséquences différentes peuvent résulter de l'action du vent : la première, c'est le renversement de tout le système sans déformation et par sa rotation autour d'un point extérieur de la base ; la seconde, c'est la déformation de tout le système qui constitue le guidage et le renversement de chaque colonne tournant autour de sa base propre.

Renversement sans déformation. — La première hypothèse ne peut s'appliquer qu'à des ouvrages dans lesquels la hauteur est grande par rapport à la base. Elle suppose aussi que les colonnes ne seraient pas liées à la maçonnerie de manière à faire résistance à leur soulèvement. Toute l'étude relative à cette supposition se réduit à une question d'équilibre d'un corps pesant soumis à un effort de renversement par deux forces FF', agissant à son sommet dont la hauteur peut être représentée par H.

Le poids p de ce corps agissant dans le sens de la stabilité et au centre de figure, l'équilibre correspond à l'égalité :

$$pr = (F + F') H,$$

r étant le rayon de la circonférence circonscrite.

Déformation et renversement par parties. — La déformation du système formé par l'ensemble des guides et son renversement général résultant de celui de chaque colonne tournant autour de sa base, est une limite extrême de résistance qui répond certainement mieux aux conditions de l'application que le renversement de l'ensemble sans déformation. Avant d'atteindre la limite extrême qui suppose la destruction complète, le système subira des déformations par la flexion des pièces qui le composent, et si la limite de l'élasticité n'est pas dépassée, il reprendra sa situation initiale aussitôt que l'action déformatrice cessera d'agir.

Cette déformation peut provenir de deux sortes de causes : l'action du vent agissant horizontalement sur la cloche et ne faisant intervenir aucune force verticale, et l'intervention d'un obstacle à la descente de la cloche malgré son poids. La première de ces causes est inévitable, et c'est surtout contre elle qu'il importe de se prémunir; quant à la seconde, qui ne peut jamais être qu'un accident, fatal il est vrai, mais facile à prévoir et à éviter, nous trouverons dans l'étude des conditions de stabilité à opposer à l'action du vent, la mesure de la résistance qui sera opposée à toute autre cause de déformation.

L'étude qui va suivre s'appliquant à des ouvrages très-différents entre eux, il sera nécessaire de les apprécier séparément. Nous considérerons donc successivement les guides formés de 4 colonnes, puis de 6, puis de 8 ou d'un plus grand nombre de colonnes : et nous ferons ensuite une application aux guides du gazomètre n° 13 de l'usine de La Villette, lesquels sont au nombre de 20.

Système de guides composé de 4 colonnes. — *Stabilité des colonnes.* — Considérons d'abord le cas d'un guidage formé de 4 colonnes reliées par deux cadres encastrés dans ces colonnes.

Appelons :

FF' les forces extérieures exercées par le vent, et transmises horizontalement aux sommets des guides dans les points aa';

H la hauteur de ces points d'application au-dessus du sol;

$ffff$ les forces horizontales que les colonnes tirent de la résistance du sol.

On va voir que ces forces sont égales entre elles.

Sous l'action des forces FF' le système supérieur compris entre les deux cadres horizontaux, se déplace, les colonnes fléchissent dans leur partie inférieure oA, jusqu'à ce que leur résistance ait fait équilibre à l'action de ces forces FF'; la flexion et par conséquent la résistance de chaque colonne est la même et la figure du système ne se déforme pas : en effet, la colonne oa est retenue dans sa position par la résistance des côtés des polygones projetés horizontalement en AB, lesquels exercent une résistance par traction; puis, par la résistance des côtés projetés en AB' qui agissent par compression. Remplaçons ces dernières par des forces AB" qui devront agir par traction au lieu d'agir par compression; on voit que la colonne, retenue par AB et par AB", forces égales d'intensité et également inclinées sur la direction de la force F, se déplacera dans le plan vertical de la force F.

Il en sera de même pour la colonne A′, à laquelle est appliquée la force F′, donc le triangle ABA′ se transportera sans se déformer parallèlement à lui-même, les points b et b' parcourront le même chemin que

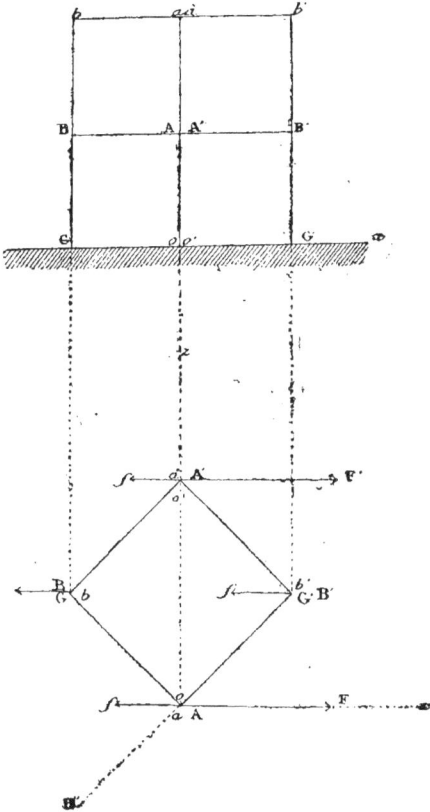

les points a et a'; mais ce chemin est l'axe de flexion des colonnes oa et $o'a'$ et bG et $b'G'$: donc ces colonnes, qui subissent des déformations de même amplitude, opposeront la même résistance à la déformation du système.

Si l'on projette ces forces en équilibre sur un axe perpendiculaire à oo', on trouvera que

$$2F = 4f \qquad (1)$$

Cette équation si simple exprime la condition de stabilité à laquelle il faut satisfaire. Mais elle suppose que les forces f répondront aux besoins.

Elle rend donc obligatoire l'étude des déformations qui pourraient en être la conséquence.

Voici cette étude :

Stabilité des poutres. — Considérons l'une des colonnes *a*AO et les deux moitiés des deux poutres encastrées sur chacun de ses côtés.

On vient de voir que les deux poutres *ab* et *a'b'* ont à transmettre des efforts égaux sous des angles égaux et doivent, par conséquent, répondre à cette condition par des sections égales, puisqu'on admet que le fer résiste également à la compression et à la traction. Mais la relation entre la résistance que devra exercer le polygone moyen et celle que devra opposer le polygone supérieur n'est pas aussi évidente.

La considération suivante paraît pouvoir guider sûrement dans cette répartition. Si l'on considère un des éléments du système formé par une colonne et les quatre demi-poutres horizontales qui l'empêchent d'obéir aux forces qui la sollicitent, les forces extérieures FF', *ff'*, on fait apparaître le rôle des forces développées dans les côtés des polygones. Puis-

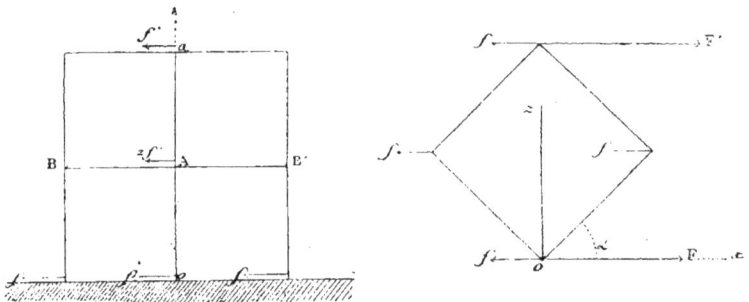

raître le rôle des forces développées dans les côtés des polygones. Puisque les forces *f'* sont destinées à empêcher le renversement de la colonne autour de l'axe *oz*, la résistance que doivent opposer les poutres intermédiaires AB, AB' devra être d'autant plus grande que ces poutres seront plus éloignées du point *a*, c'est-à-dire plus rapprochées du point *o*.

Mais d'autre part, l'effort de rupture de la colonne, à son encastrement dans le cadre au point A, effort qui résulte de l'entraînement du système par F et qui développe la réaction de *f*, est proportionnel à la hauteur du premier cadre au-dessus du sol.

On reconnaît donc que la distance entre les cadres devrait être augmentée pour satisfaire à la première condition, puis diminuée pour satisfaire à la seconde; et comme ces causes ont des valeurs absolues peu différentes l'une de l'autre, on est conduit à placer le premier cadre au milieu de la hauteur des colonnes et à lui assurer, comme conséquence, la résistance qui convient à cette position.

Ce résultat sera obtenu si on donne à la pièce inférieure une section double de celle de la pièce supérieure et si cette section est disposée, à l'encastrement, suivant une figure qui double aussi le moment de la rupture à la flexion.

En représentant par f' l'intensité des forces horizontales qui appartiennent aux côtés du cadre supérieur, on devra représenter par $2\,f'$ celles du cadre inférieur; même conclusion pour f'' et $2\,f''$, forces dont il sera parlé ci-après.

Les relations ainsi établies entre les deux sortes de forces semblables qui sont propres aux deux cadres, on peut en déduire pour chacune d'elles des valeurs en fonction de F.

Considérons la colonne oa, qui reçoit l'action de l'une des forces F, et faisons abstraction de tout le surplus du système en supposant les côtés des polygones adjacents, coupés au milieu de leur longueur et sollicités en ces points par les forces f' f'', dont il vient d'être parlé.

Le système solide à étudier est représenté par la figure suivante :

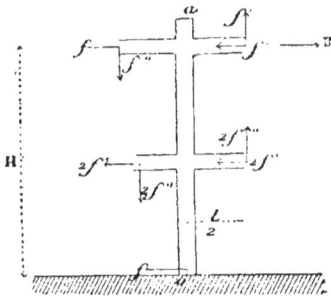

Les moments des forces qui tendent à produire la rotation de la colonne autour de l'axe horizontal oz perpendiculaire au plan vertical de la force F, fourniront l'une des conditions d'équilibre qui caractérisent hypothétiquement le système.

Savoir :

$$FH - 2 f' \cos \alpha\, H - 4 f' \cos \alpha\, \frac{H}{2} - 6 f'' \frac{l \cos \alpha}{2} = 0, \qquad 2$$

en appelant H la hauteur et l la longueur de l'un des côtés des polygones.

La projection des forces sur l'axe horizontal ox parallèle à F fournit :

$$F - 6 f' \cos \alpha - f = 0,$$

et puisque

$$f = \frac{1}{2} F,$$

$$f' = \frac{F}{12 \cos \alpha}, \qquad (3)$$

et

$$f'' = \frac{2}{9} \frac{FH}{l \cos \alpha}.$$

Système de guides composé de 6 colonnes. — L'équilibre du système de guides formé de six colonnes peut être établi comme le précédent.

Stabilité des colonnes. — Les côtés bc et $b'c'$, interposés entre les extrémités b et c, b' et c' des poutres, mais perpendiculaires au plan vertical $o\,yx$, qui a sa base en ox, n'enlèvent rien à l'exactitude du raisonnement établi précédemment, soit en ce qui concerne l'état indéformable de la figure, soit en ce qui concerne l'égalité des forces f.

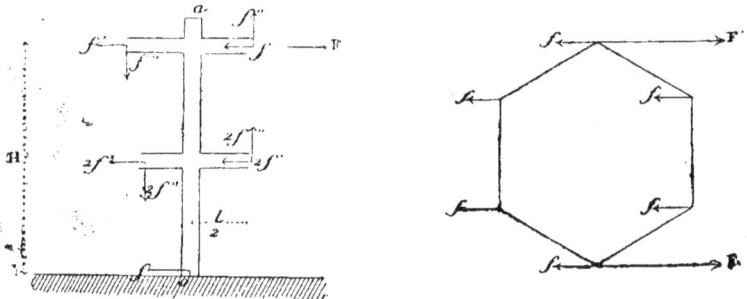

Le polygone se déplacera donc sans se déformer et on pourra écrire ainsi l'équilibre entre les forces extérieures :

$$2 F = 6 f \qquad (1)$$

Stabilité des poutres. — Considérant ensuite les conditions d'équilibre de la colonne *oa* et admettant, comme précédemment et par le même raisonnement, que les forces développées par la résistance du cadre moyen seront deux fois plus considérables que les forces correspondantes dues au cadre supérieur : on écrira pour la somme des moments des forces autour de l'axe *ox* :

$$\mathrm{F\,H} - 2f'\cos\alpha\,\mathrm{H} - 4f'\cos\alpha\,\frac{\mathrm{H}}{2} - 6f''\,\frac{l\cos\alpha}{2} = 0,$$

ou
$$\mathrm{F\,H} - 4f'\mathrm{H}\cos\alpha - 3f''l\cos\alpha = 0. \qquad (2)$$

La projection sur l'axe *ox* fournira encore :

$$\mathrm{F} - f - 6f'\cos\alpha = 0,$$

et puisque (1)
$$f = \frac{\mathrm{F}}{3},$$

on tirera de la précédente équation :

$$f' = \frac{1}{9}\frac{\mathrm{F}}{\cos\alpha},$$

et de l'équation (2), en y remplaçant *f'* par cette valeur :

$$\mathrm{F\,H} - \frac{4}{9}\mathrm{F\,H} - 3f''l\cos\alpha = 0,$$

et enfin
$$f'' = \frac{5}{27}\frac{\mathrm{F\,H}}{l\cos\alpha}.$$

Système de guides composé de 8 côtés et d'un plus grand nombre de côtés. — La même étude, appliquée au système de huit colonnes, permet de généraliser la question.

Stabilité des colonnes. — Il est nécessaire de démontrer encore tout d'abord que la figure polygonale du prisme, dont les colonnes forment les arêtes, ne se déformera pas sous l'action des deux forces FF', horizontales, parallèles et d'égale intensité, afin de pouvoir appliquer au système le mode de calcul qui précède.

Si cela n'avait pas lieu et si, tandis que le point *a* se transporte en *a'*, le point *b*, au lieu d'arriver en *b'*, parvenait en *b''* et que, par suite, le point c ne pût atteindre que c'', il arriverait que la flexion de la colonne b serait plus grande que celle de la colonne a, et cela n'est pas admissible puisque l'effort qui agit sur elle est déjà diminué de la part qui fléchit cette colonne a.

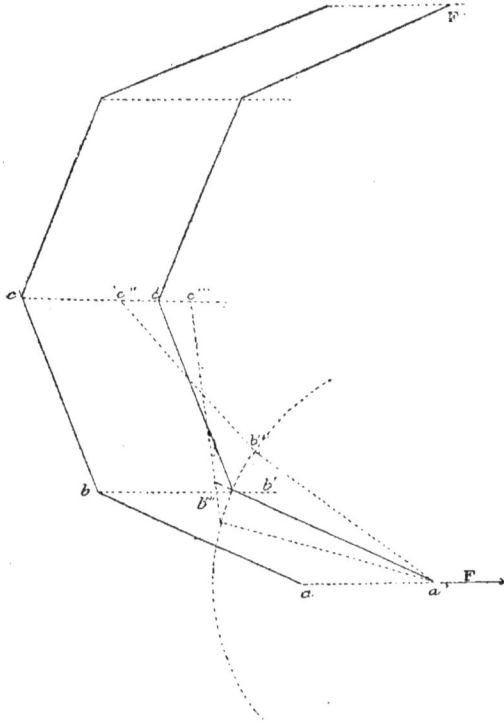

Si l'on voulait admettre que ce point b ne parvînt qu'en b''', il faudrait que la colonne c arrivât en c''', c'est-à-dire qu'elle supportât une force fléchissante plus grande que celle qui agit sur la colonne b et même sur la colonne a et cette hypothèse est encore moins admissible que la précédente.

Donc enfin le point b s'arrêtera en b', de telle sorte que bb' et cc' seront des longueurs égales à aa', et dès lors ces droites seront parallèles et la figure $a'b'c'$... semblable à la figure abc...

Le raisonnement est indépendant du nombre des côtés du polygone et s'applique par conséquent à toutes les figures qui pourraient être prises pour base de la distribution des colonnes sur un même cercle. On est donc fondé à poser :

$$2\mathrm{F} = 8f$$

et plus généralement $\quad 2\mathrm{F} = nf \qquad\qquad (1)$

n étant le nombre des côtés du polygone.

Stabilité des poutres. — Les mêmes raisonnements que ceux qui précèdent permettent d'écrire que l'équilibre de la colonne oa, considérée comme pouvant tourner à sa base autour de l'axe oz, donne lieu à la relation :

$$\mathrm{FH} - 4f'\mathrm{H} \cos \alpha - 3f''l \cos \alpha = 0 \qquad\qquad (2)$$

Puis la projection des forces sur l'axe horizontal ox donne :

$$\mathrm{F} - f - 6f' \cos \alpha = 0,$$

et puisque (1) $\qquad\qquad f = \dfrac{2}{n} \mathrm{F},$

$$f' = \mathrm{F} \frac{1 - \dfrac{2}{n}}{6 \cos \alpha},$$

et l'équation des moments (2) devient :

$$\mathrm{FH} - 4\mathrm{F} \frac{1 - \dfrac{2}{n}}{6 \cos \alpha} \, \mathrm{H} \cos \alpha - 3f''l \cos \alpha = 0,$$

d'où on tire la valeur de f'' qui produit la flexion du côté du cadre supérieur,

$$f'' = \frac{\mathrm{FH}}{l \cos \alpha} \left[\frac{1}{3} - \frac{2}{9} \left(1 - \frac{2}{n} \right) \right].$$

Le cadre moyen doit opposer la résistance $2f''$.

Gazomètres télescopiques.

Guides des gazomètres télescopiques. — Les gazomètres dont la cloche est formée de plusieurs cylindres se développant successivement pendant l'ascension, transmettent aux guides la pression qu'ils reçoivent du vent, par des galets appliqués au sommet et au bas de chaque anneau cylindrique et ne diffèrent des gazomètres ordinaires que par une répartition plus heureuse des efforts exercés sur les guides.

Tout ce qui a été dit précédemment s'applique donc à ce genre d'ouvrages sans qu'il soit nécessaire de les soumettre à une étude particulière.

Si la cloche est formée de deux anneaux, un quart de la pression exercée par le vent se transmettra au sommet des guides et deux quarts au milieu de leur hauteur; le dernier quart s'appliquera aux guides contenus dans la cuve.

La projection de ces forces sur l'axe horizontal sera donc égale aux trois quarts de la force totale exercée par le vent sur la cloche, et cette projection se répartira sur les deux colonnes intéressées, qui auront par conséquent à résister chacune à une force fléchissante qui sera les $\frac{3}{8}$ de la force totale au lieu d'en être seulement les $\frac{2}{8}$.

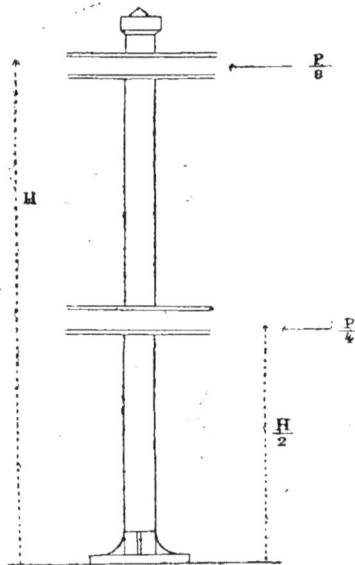

Quant à la résistance au renversement, elle restera la même que si le gazomètre était du système ordinaire.

En effet, si l'on représente par P l'effort total, le sommet du guide sera soumis à $\frac{1}{8}$ P et le milieu à $\frac{2}{8}$ P, et la somme des moments qui tendent à produire le renversement, sera :

$$\frac{1}{8}\,PH + \frac{2}{8}\,P\,\frac{H}{2} = \frac{1}{4}\,PH = FH.$$

Application au gazomètre n° 13 (usine de La Villette). — L'application des formules qui viennent d'être établies et qui permettront de proportionner convenablement les dimensions des diverses parties constituant le système qui guide la cloche d'un gazomètre dans son mouvement, nécessite la détermination des formes et l'indication des résistances propres aux matières employées.

Le gazomètre n° 13 de l'usine de La Villette peut être présenté comme un exemple.

Valeur de F. — Ce gazomètre a les dimensions suivantes :

$$D = 55 \text{ mètres},$$
$$H = 13 \text{ mètres},$$

et la pression que le vent d'un grand ouragan peut exercer sur sa cloche, supposée au sommet de sa course, peut être évaluée comme il a été dit précédemment à :

$$4F = 127^k,32 \times 55 \times 13 = 88,000 \text{ kilog}.$$

en chiffres ronds.

L'effort f tendant à produire la rupture de chaque colonne à son encastrement sera donc :

$$f = 2\,\frac{F}{20} = 2,200 \text{ kilog}.$$

Puis, les forces qui tendent à produire la déformation des poutres se déduiront des formules :

$$f' = F\,\frac{\left(1 - \frac{2}{n}\right)}{6\cos\alpha} = 22000 \times 0,15 = 3,300 \text{ kilog.},$$

$$f'' = \mathrm{FH}\ \frac{\dfrac{1}{2} - \dfrac{2}{9}\left(1 - \dfrac{2}{n}\right)}{l\cos\alpha} = \frac{22000 \times 3{,}14\left[\dfrac{1}{3} - \dfrac{2}{9}\left(1 - \dfrac{2}{n}\right)\right]}{8{,}23 \times 0{,}9877} = 4843 \text{ kilog.}$$

Les formes données à ces pièces sont les suivantes :

Colonnes. — La colonne est un tube en tôle ayant :

$$\text{rayon extérieur } r = 0^{\mathrm{m}},325$$
$$\text{rayon intérieur } r' = 0^{\mathrm{m}},319$$
$$\text{hauteur du sol à l'encastrement} = 6^{\mathrm{m}},875$$

et la formule applicable est :

$$\mathrm{P\,L} = \frac{\mathrm{R}\,\pi\left(r^{4} - r'^{4}\right)}{4\,r},$$

dans laquelle $\qquad \mathrm{P\,L} = f \times 6{,}875$

et R est le coefficient de la résistance à la traction, lequel peut être poussé jusqu'à la limite à laquelle commence la déformation, puisque les efforts à redouter ne seront que très-accidentels et sans durée.

Cette limite est de 12 millions d'après les expériences de Poncelet.

On trouve que les dimensions données aux colonnes leur permettent de supporter sans déformation :

$$\frac{12000000 \times 3{,}14\left(\overline{0{,}325}^{4} - \overline{0{,}319}^{4}\right)}{6{,}875 \times 4 \times 0{,}325} = 3{,}300 \text{ kilog.}$$

et ce chiffre est beaucoup plus considérable que celui qui serait seulement nécessaire.

Les dimensions des colonnes n'ont pas été déterminées seulement par la considération qui ressort de cette condition, mais par la nécessité de les mettre en harmonie avec l'ensemble.

Poutres. — Les considérations qui viennent d'être développées à l'occasion de l'hypothèse qui peut être faite sur la répartition des efforts agissant sur les côtés horizontaux des cadres, n'avaient pas tout d'abord conduit à reconnaître qu'il est plus avantageux de demander cette résistance en fractions inégales aux deux côtés horizontaux du même cadre.

On avait admis que chacun d'eux devait opposer la même force et on avait réparti également l'effort à supporter sur les deux pièces. Si donc on fait application des hypothèses précédentes, à la résistance de chacune de ces pièces, on trouvera que l'une est trop forte de toute la quantité dont l'autre est trop faible, mais qu'en somme l'équilibre est assuré.

La section droite d'une poutre intermédiaire est de

$$0^{mq},00972,$$

et si l'on prend encore pour limite de la résistance le chiffre de 12 kilogrammes par millimètre carré, on trouve que ces pièces pourront être tirées ou comprimées dans le sens de leur longueur par 116,640 kilogrammes, chiffre qui dépasse aussi de beaucoup la valeur possible qui est de

$$2f = 6600 \text{ kilog.}$$

Enfin, si l'on introduit les dimensions de la poutre inférieure dans la formule de la résistance à la flexion propre aux pièces qui ont la section transversale de l'ouvrage considéré, celle d'un double T, on trouve que la force fléchissante a la valeur :

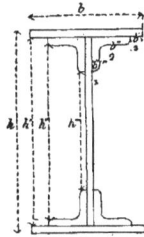

$$b = 0,200 \qquad h = 0,650$$
$$b' = 0,056 \qquad h' = 0,634$$
$$b'' = 0,134 \qquad h'' = 0,618$$
$$b''' = 0,016 \qquad h''' = 0,494$$

$$f'' = \frac{R \left(b h^3 - b' h'^3 - b'' h''^3 - b''' h'''^3 \right)}{L \times 6h} = 7,073 \text{ kilog.}$$

La pièce semblable de l'autre côté du cadre présente la même résistance. . . . . 7,073 kilog.

et les deux réunies . . . . 14,146 kilog.

6

ce qui répond bien à la somme de résistance voulue et calculée précédemment, savoir :

Celle du sommet. . . . . 4,843 kilog.

Celle du milieu 4,843 × 2 = ... 9,686 kilog.

14,529 kilog.

Toutefois, nous croyons la répartition inégale mieux fondée et nous la disposerons ainsi à l'avenir.

Effort de renversement résultant d'un obstacle à la descente. — L'influence qu'un obstacle étranger aux œuvres de la construction pourrait exercer sur la descente d'une cloche de gazomètre se déduit facilement de ce qui précède.

Puisqu'on a déterminé la limite de résistance des guides à une action horizontale tendant à produire le renversement, si l'action nouvelle a la même conséquence, la question est d'avance résolue, et c'est ce qui a lieu.

En effet, si l'on représente par la figure $abcd$ la projection verticale d'une cloche de gazomètre et si on la suppose arrêtée dans sa descente par un obstacle se produisant en a, l'équilibre tendra à se produire entre le poids P de la cloche agissant en son centre de gravité et les pressions horizontales FF′ fournies par les colonnes situées dans le plan vertical qui contient l'axe de la cloche et qui est perpendiculaire au plan $abcd$.

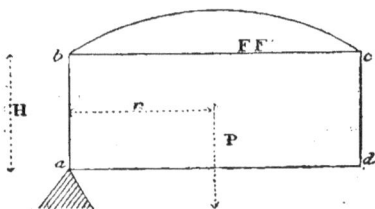

On a vu précédemment que ces pressions se transmettent à toutes les colonnes qui opposent une résistance relativement considérable.

Cet équilibre a pour limite extrême :

$$. . . . . . P \times r = (F + F') H . . . . . .$$

dans laquelle P est la valeur de la fraction du poids du gazomètre qui peut être tenue en équilibre par les forces FF' avant qu'il apparaisse aucune déformation persistante.

Or les colonnes peuvent résister chacune à 3,300 kilogrammes et les 20 colonnes à 66,000 kilogrammes. Le poids P pourra donc atteindre :

$$P = \frac{H}{r} 66000 = 31,200 \text{ kilog.}$$

Cette conclusion toute mathématique ne pourrait d'ailleurs se réaliser; des déformations ou des ruptures partielles interviendraient sans doute dans les parties de l'ouvrage avant que de tels efforts pussent être supportés par une de ces parties quelle qu'elle soit. Mais il n'en est pas moins très-intéressant de constater que la résistance qui pourrait se produire et entraver la marche de la cloche dans sa descente devrait présenter une intensité considérable pour dépasser la limite de résistance des pièces.

7° ÉCHAFAUDAGE POUR LA CONSTRUCTION
ET LE SUPPORT DE LA CLOCHE.

L'ouvrage en charpente qui figure dans le dessin représentant la cuve du gazomètre a plusieurs destinations. Il a servi d'abord pendant la construction du cylindre de la cloche, il a été également nécessaire pour la confection de la calotte, il pourra enfin être utilisé, pendant l'emploi de l'appareil, toutes les fois que la pression venant à manquer dans le gazomètre, la calotte aura besoin de trouver un support qui s'oppose à sa déformation.

Ces trois conditions déterminent les dispositions à adopter et les proportions à donner aux dimensions de cet ouvrage.

La première nécessite que les parties extrêmes s'approchent assez du cylindre pour qu'on puisse les employer à former des supports pour les ouvriers chargés de la construction de ce cylindre. On obtient ce résultat facilement, en faisant emploi de plateaux suspendus, dont on raccourcit les chaînes de suspension au fur et à mesure que l'ouvrage s'élève.

La seconde condition exige que toute la superficie horizontale de la cuve soit garnie de poteaux verticaux également répartis, offrant un nombre suffisant de points supportant le poids du plancher et de la calotte. Ce plancher, destiné à supporter les ouvriers pendant l'exécution de cette partie du travail, doit offrir des conditions de résistance plus grandes qu'on ne les supposerait tout d'abord nécessaires. Il arrive en effet, pendant la construction, que la partie sphérique, qui compose la calotte, a besoin d'être tendue : les ouvriers, pour obtenir ce résultat, soulèvent la tôle au moyen d'étais reposant sur le plancher et qui y exercent des pressions relativement considérables.

Pour répondre à la troisième condition il faut enfin que la partie de cet échafaudage qui pourra servir à constituer ses supports uniformément répartis, soit laissée en permanence pendant toute la durée du gazomètre lui-même. A cet effet, les poteaux verticaux, qui ont été distribués sur des cercles concentriques, sont reliés par des couronnes en charpente qui approchent autant qu'il est possible de l'ouvrage en tôle et qui lui offrent ainsi des supports formés de cercles concentriques pouvant porter charge, dès que la tôle s'abaisse de quelques centimètres.

Si l'on se reporte à ce qui a été dit sur la confection de l'ouvrage en tôle, particulièrement sur la possibilité où est le constructeur de reproduire exactement les formes arrêtées dans le projet, on comprend qu'il soit possible de fixer à l'avance les hauteurs des couronnes composant le support en charpente, sans être exposé à laisser un intervalle entre la calotte et son support.

Cependant, pour éviter les fautes de cette nature et donner au support les dimensions les plus convenables, on ne pose les couronnes en charpente qui le terminent, que lorsque la tôle est arrivée à la hauteur qui commande ces dimensions.

Il y a plus: on compose cette partie de l'ouvrage en charpente de deux pièces distinctes : les unes formées de pièces rectilignes, couronnant les poteaux, sont situées à une distance de la tôle suffisante pour ne pas gêner l'exécution de la rivure : les autres, formées de pièces curvilignes et découpées en cercle, constituent des fourrures qui remplissent l'espace laissé par les premières entre elles et la calotte. Ces pièces, qui n'ajoutent rien à la stabilité de l'ouvrage en charpente, y sont rattachées par des ferrures appliquées latéralement.

Après l'exécution de la chaudronnerie, on enlève les étais qui soutenaient la calotte et qui maintenaient la forme sphérique et on la laisse reposer sur les couronnes de l'ouvrage en charpente : on enlève le plancher en procédant de la circonférence au centre et en faisant sortir les bois, planches et solives, par l'ouverture centrale ménagée sur la calotte. On ferme celle-ci et on procède à l'emplissage de la cuve.

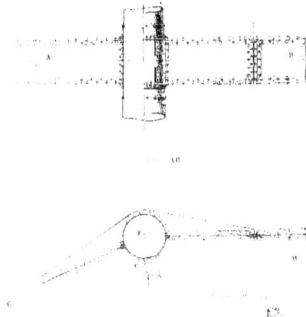

Gorge des Gazomètres Télescopiques

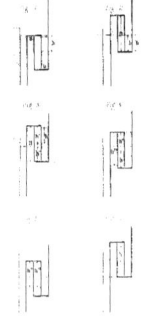

Assemblage de la partie basse avec la Colonne .

Fig V — Section Gaz FF6H

Ensemble des Gorges
d'un Gazomètre Télescopique .

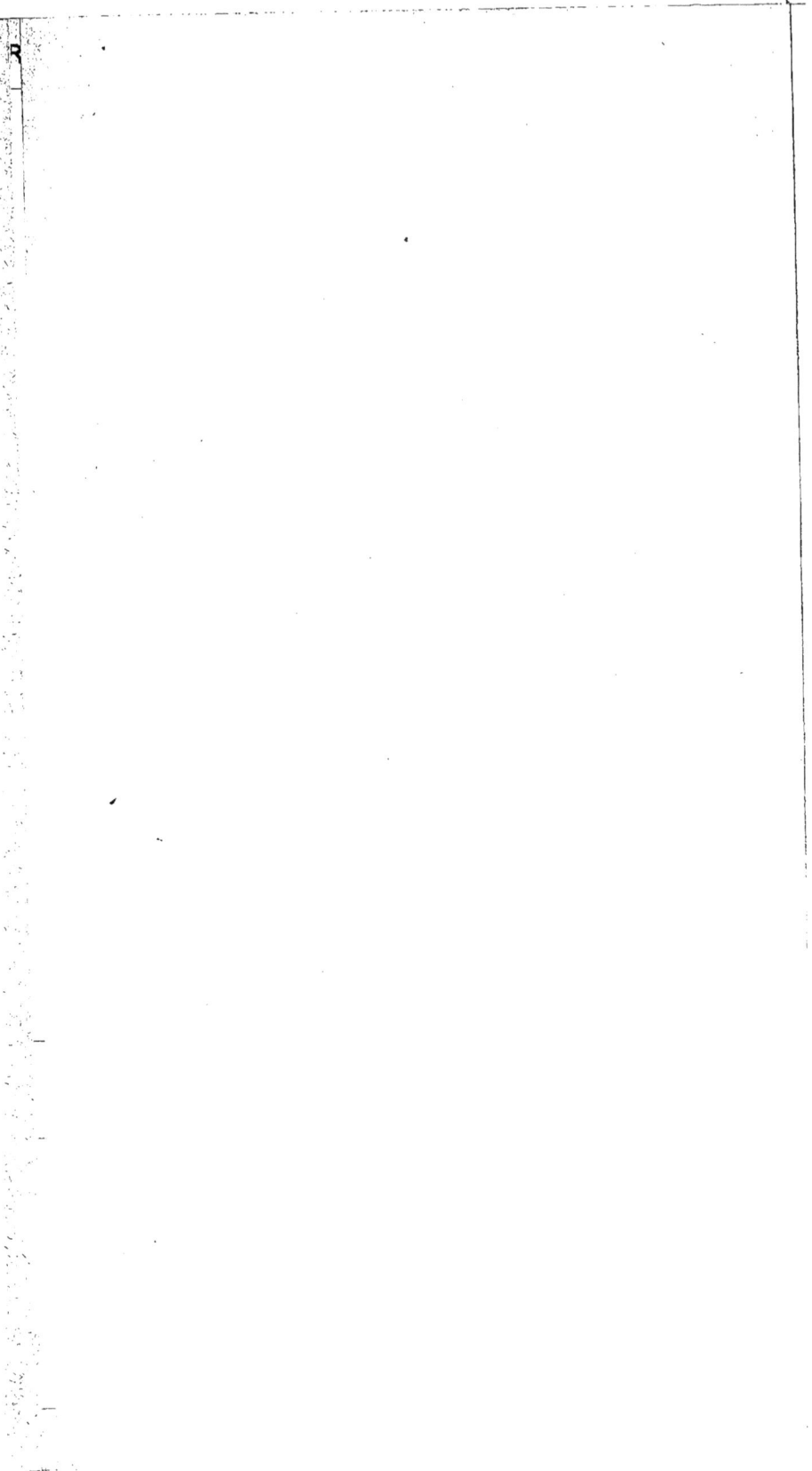

R

TABLE DES MATIÈRES

Paris. — Imprimerie VIÉVILLE et CAPIOMONT, rue des Poitevins, 6.

www.ingramcontent.com/pod-product-compliance
Lightning Source LLC
Chambersburg PA
CBHW071103210326
41519CB00020B/6145